ZEITSCHRIFT FÜR ANGEWANDTE MATHEMATIK UND MECHANIK

INGENIEURWISSENSCHAFTLICHE FORSCHUNGSARBEITEN

BAND 54 1974 HEFT 6

AUS DEM INHALT

THEORIA CUM PRAXI

A K A D E M I E - V E R L A G G M B H · B E R L I N

ZAMM Bd. 54 Nr. 6 S. 293—372 Berlin, Juni 1974

M 18,—

INHALT

Wir bitten, **Manuskriptsendungen** an folgende Anschrift zu richten:

Zeitschrift für Angewandte Mathematik und Mechanik
z. Hd. Herrn Prof. Dr. Günter Schmidt
Zentralinstitut für Mathematik und Mechanik
an der Akademie der Wissenschaften der DDR
DDR 108 Berlin, Mohrenstraße 39.

Zu den Arbeiten, die als Hauptaufsätze bestimmt sind, erbitten wir auf gesondertem Blatt eine kurze Zusammenfassung des Inhalts, nach Möglichkeit in deutscher, englischer und russischer Sprache; falls die Übersetzungen nicht geliefert werden können, ist wenigstens die Angabe spezieller Fachausdrücke in den verschiedenen Sprachen erwünscht. Ausführliche Hinweise für die Autoren, um deren strikte Berücksichtigung gebeten wird, finden sich im Anschluß an das Inhaltsverzeichnis des Jahrganges 53 (1973).

Zuschriften, welche Manuskripte und Arbeiten betreffen, deren Eingang von dem jetzigen Herausgeber Prof. Dr. H. Heinrich bestätigt worden ist, sind weiterhin an ihn unter der folgenden Anschrift zu richten:

Zeitschrift für Angewandte Mathematik und Mechanik
z. Hd. Herrn Prof. Dr.-Ing. Dr. h. c. Helmut Heinrich
DDR 8027 Dresden, Friedrich-Hegel-Str. 31.

Die Autoren erhalten von den Hauptaufsätzen 75, von den Kleinen Mitteilungen 25 Sonderdrucke ohne Berechnung, darüber hinaus bis zu 250 Sonderdrucke gegen Berechnung.

ZUSAMMENFASSENDER BERICHT

ZAMM 54, 293–302 (1974)

K. SPREMANN

Optimierung verschiedener Steuerungsprobleme mit einem funktionalanalytischen Maximumprinzip[1])

Inhalt

0. Einführung

0.1. Zwei Gedanken verpflichtet sich diese Arbeit: Ausgehend von den Schwierigkeiten, die sich bei den Versuchen ergaben, mit Hilfe bekannter Optimalitätsbedingungen reale Steuerungsprobleme (die komplizierter als die bekannten Demonstrationsbeispiele sind) zu lösen, ging es zunächst um eine *Durchleuchtung dieser Optimalitätsbedingungen unter dem Blickwinkel der konstruktiven Nutzbarkeit.* Dies erforderte eine von den klassischen Techniken der Kegelapproximation völlig verschiedene Vorgehensweise und Methode, die sich nachträglich als sehr fruchtbar erwiesen hat und auch den Zugang zu anfangs nicht ins Auge gefaßten Aufgabenstellungen öffnete. So gestattet die Allgemeinheit dieser von einem Modell ausgehenden Methode (der partiellen Linearisierung von Prozeßoperator und Zielfunktional in Richtung der Steuervariablen, vgl. 2.) *verschiedene Klassen von Optimierungsproblemen* (wie Kontrollprobleme in 3., MARKOVprozesse und diskrete dynamische Prozesse in [14]) *unter einheitlichen Gesichtspunkten zu lösen.*

0.2. Dabei werden nicht nur Gemeinsamkeiten herausgeschält (wie etwa Funktion und Bedeutung der Kovariablen in allen Problemen), es ergaben sich auch Hinweise zur konstruktiven Nutzung der gefolgerten Optimalitätsbedingungen und zur Verbesserung bereits bekannter Algorithmen (wie der Politikiteration von HOWARD zur Optimierung bewerteter MARKOVprozesse). Diese gleichzeitige Behandlung verschiedener Optimierungsprobleme an Hand allgemeiner Modelle läßt weiter *Begriffe* (wie Kovariable, verallgemeinerte HAMILTONfunktion, Spikevariation) und *Methoden* (wie Teillinearisierung, Gradientenprojektion durch Umformung mit dem adjungierten Operator, Globalisierung etc.) erkennen, deren grundsätzliche Bedeutung für eine geschlossene Optimierungstheorie sich erweisen dürfte. Deshalb sollte diese Arbeit die Anregung bieten, mit der vorgestellten Methode auch spezielle Probleme anzugehen, die bis jetzt damit noch nicht untersucht worden sind.

0.3. Die ersten gleichzeitigen Behandlungen mehrerer Arten von Optimierungsproblemen unter einheitlichem Vorgehen ermöglichten LJUSTERNIK 1934 mit der Verallgemeinerung der klassischen Multiplikatorregel von LAGRANGE auf BANACHräume sowie BERKOVITZ [4], HESTENES [18] und NEUSTADT [27] mit Verallgemeinerungen von Methoden der Variationsrechnung. Der große Durchbruch gelang aber erst der z. T. auf DUBOVITSKII und MILJUTIN zurückgehenden geometrischen Beweismethode für Optimalitätsbedingungen, deren prinzipielles Vorgehen durch den Beweis des Maximumprinzips von PONTRJAGIN [30] bekannt wurde. Seitdem folgten diesem Beweisprinzip, bei dem Mengen lokal durch konvexe Kegel approximiert werden, nicht nur die Standardwerke der Kontrolltheorie HESTENES [18], LEE/MARKUS [24] und alle Verallgemeinerungen des Maximumprinzips auf diskrete Prozesse: BUTOVSKII [6], HOLTZMAN [19], HWANG/FAN [21], sondern auch die jüngsten Arbeiten über eine einheitliche Optimierungstheorie CANON/CULLUM/POLAK [7], NEUSTADT [28], GIRSANOV [16], LAURENT [23] unter Einbeziehung endlichdimensionaler Programmierungsprobleme [7] und der Approximationstheorie [23].

0.4. Der weitverbreiteten Herleitungsmethode durch Kegelapproximation werden wir ein mehr direktes Beweisprinzip gegenüberstellen, eine Weiterentwicklung der direkten Linearisierung von GESSNER [12], GESSNER/SPREMANN [13] und LUENBERGER [25]. Die Ursache für die Konstruktivität unserer Methode liegt im wesentlichen Unterschied in Konzept und Ziel beider Beweisvorgehen:

Bei der klassischen Auffassung steht im Blickpunkt eine optimale Steuerung u^0 als *Funktion der Zeit* $t \to u^0(t)$. Optimalitätsbedingungen charakterisieren ihren zeitlichen Verlauf, z. B. beim Maximumprinzip von PONTRJAGIN durch die *punktweise* (für alle Zeiten t) Maximierung der HAMILTONfunktion.

Wir dagegen sehen im Brennpunkt den ganzen Funktionenraum U, in dem die Steuerungen *Punkte* sind.

---

[1]) Ausarbeitung eines gleichnamigen Vortrages auf der Diskussionstagung des ADOW (Arbeitskreis über Dynamische Optimierungsverfahren in den Wirtschaftswissenschaften) in Rheda bei Bielefeld, Mai/Juni 1973.

Optimalitätsbedingungen müssen dementsprechend den Wertzuwachs des Zielfunktionals charakterisieren, der sich ergibt, wenn man in U von einem Punkt zu einem anderen geht.

Natürlich sind nur solche Charakterisierungen sinnvoll, die eine konstruktive Nutzung gestatten und von einem Punkt (d. h. einer gegebenen Steuerung) zu einem besseren *führen*.

1. Das (Z, S, T, P, Q)-Modell und Lösungsmethoden

1.1. Fast alle Optimierungs- und z. T. auch Approximierungsprobleme lassen sich auffassen als ein 5-Tupel (Z, S, T, P, Q) aus

- dem linearen Raum Z der *Variablen*;
- dem auf Z definierten *Zielfunktional* $S: Z \to \mathbb{R}$, das maximiert werden soll. S induziert auf Z eine konnexe Quasiordnung (reflexive, transitive, konnexe Relation) „besser";
- den *Nebenbedingungen* $Tz = 0$, die durch einen Operator $T: Z \to P$ gegeben sind, der Z in einen Hilfsraum P abbildet. P^*, dessen Dualraum, ist Raum der *Kovariablen*;
- und der Menge $Q \subset Z$ als *Restriktion* $z \in Q$.

Die Nullstellen von T, die in Q liegen, heißen *zulässige* Variable. Gesucht ist, falls existent, ein optimales $z^0 \in Z$ (d. h. eine zulässige Variable, die besser ist als alle zulässigen Variablen). So ergibt sich der folgende Aufgabenkatalog:

(a) Klärung der Existenzfrage. Von einfach gelagerten endlich-dimensionalen, linearen oder konvexen Problemen abgesehen, kann dies — wenn überhaupt — nicht an diesem Modell, sondern nur jeweils bei den speziellen Einzelproblemen geschehen; vgl. AKHIEZER [1], HESTENES [18], LAURENT [23], LEE/MARKUS [24]. Ist die Menge zulässiger Variablen leer, führt man vorteilhaft *Pseudolösungen* ein; z. B.: GLASHOFF [17]. In der numerischen Praxis begnügt man sich häufig mit *Epsilonlösungen, lokalen* Optima bzw. lokalen Näherungen.

(b) Berechnung lokaler Optima. Hier sind notwendige Bedingungen oder Kriterien von Optimalität von Nutzen, sofern *sie eine analytische oder iterative Auswertung erlauben*; ferner iterative Algorithmen wie Gradientenprojektionen (die eine Folge immer besser werdender zulässiger Variablen liefern).

(c) Nachweis der Globalität. Da sowohl die Optimalitätsbedingungen als auch die Algorithmen meist durch Linearisierungen gewonnen werden, erzielt man dann nur lokale Optima. Erfüllen S, T und Q gewisse Konvexitätsforderungen (das ist z. B. bei *linearen* Problemen der Fall), ist die Globalität der Maxima gesichert.

(d) Numerische Eignung. Letztlich entscheidet über einen Lösungsalgorithmus die Praxis. Insbesondere Optimalitätsprinzipe müssen auf ihre konstruktive Anwendbarkeit untersucht werden.

1.2. Welche Optimierungsprobleme beschreiben wir mit diesem Modell? Zunächst die der optimalen *Steuerung von Prozessen* $(X \times U, S, T, P, X \times Q_U)$. Dabei ist $Z = X \times U$ Produktraum des linearen Raumes X der *Zustandsvariablen* und U der *Steuervariablen*. Die Nebenbedingungen $T(x, u) = 0 \in P$ dienen oft dazu, eine Abbildung $Q_U \to X$; $u^0 \to x^0$ mit $T(x^0, u^0) = 0$, den *Prozeß*, zu beschreiben. Q_U ist dann Menge der zulässigen Steuerungen und wird festgelegt durch Beschränkungen

(a) der Norm, wenn U normiert ist, also als Kugel $Q_U = \{u \mid \|u\| \leqq k\}$
(b) $u_{\min} \leqq u \leqq {}_{\max}$, wenn U geordnet ist, also als Intervall $Q_U = [u_{\min}, u_{\max}]$
(c) der Werte $u(t) \in SB$, wenn U ein Funktionenraum ist, durch einen *Steuerbereich* SB
(d) der Eigenschaften, wenn etwa nur Treppenfunktionen, Splines oder Impulse zur Steuerung zugelassen werden.
(e) Kombinationen von (a) $\cdots$ (d)

Die Besonderheiten von Lösungsalgorithmen liegen oft im unterschiedlichen Vermögen, Beschränkungen der Art (a) $\cdots$ (e) zu berücksichtigen.

So werden nicht nur Kontrollprobleme und diskrete dynamische Prozesse GESSNER/SPREMANN [13] erfaßt, sondern auch das Problem der Bestimmung optimaler Entscheidungsfolgen bei stochastischen Prozessen [14].

Schließlich fassen wir auch nichtlineare Programmierungsprobleme als Steuerungsprobleme auf. Die Steuer- sind dann die *Schlupfvariablen*; Q_U ist ein Ordnungskegel zur Festlegung der Vorzeichenbedingungen.

1.3 Derartige Optimierungsprobleme kann man auf verschiedene Arten versuchen zu lösen.

(a) Man beweist andere Charakterisierungen der Optimalität (die einer anschließenden konstruktiven Nutzung eher zugänglich sind). Die auf DUBOVITSKII, MILJUTIN, HESTENES u. a. zurückgehende geometrische Beweismethode ist weitverbreitet: Der Durchschnitt der Menge $Q_T := \{z \in Z \mid Tz = 0\} \cap Q$ zulässiger Variablen und der Majorantenmenge $Q_S := \{z \in Z \mid Sz > Sz^0\}$ ist leer, wenn z^0 optimal ist. Approximiert man Q_T und Q_S durch geeignete konvexe Kegel K_T und K_S, kann man

$$z^0 \text{ optimal} \Rightarrow Q_T \cap Q_S = \emptyset \Rightarrow K_T \cap K_S = \emptyset$$

beweisen und diese disjunkten konvexen Kegel K_S, $K_T \subset Z$ (von denen einer abgeschlossen ist, der andere ein nichtleeres Inneres besitzt) nach der geometrischen Form des HAHN-BANACH-Satzes durch eine abgeschlossene Hyperebene bzw. ein stetiges lineares Funktional trennen (Existenz der Kovariablen). Schwierigkeiten bereitet die analytische Beschreibung von K_T und K_S (Auffinden des Gleichungssystems für die Kovariable); vgl. [7], [16], [18], [23], [24], [27], [28].

(b) Man nimmt die nötigen Linearisierungen nicht an den durch T und S und einem optimalen z^0 (dessen Existenz gefordert werden muß!) bestimmten Mengen Q_T und Q_S vor, sondern an den Operatoren T und S selbst (Bezeichnungen nach Dieudonné [9]). Bildet man an einer beliebigen zulässigen Variablen z^0 die totalen Ableitungen, kann man den Gradienten $DS\,z^0 \in L(Z, \mathbb{R})$ auf Kern $(DT\,z^0)$ projizieren und dann in Q clippen. Geschickt formuliert (als Verfahren zur iterativen Verbesserung von Steuerungen, bei dem sich die bestmöglichen Korrekturen jeweils als optimale Lösung linearer Probleme ohne Verfahrensfehler berechnen lassen) und erfolgreich bei einer weiten Klasse von Problemen numerisch erprobt, findet sich diese *direkte Methode* bei Gessner [12], [13], [15].

Linearisiert man T und S nur in Richtung der Zustandsvariablen x, wird man auf ein verallgemeinertes Maximumprinzip geführt, das aber deutlich die möglichen konstruktiven Nutzungen weist. Müßte man die verbleibende Maximierung der Hamiltonfunktion mit Gradientenmethoden iterativ vornehmen, wäre dieses Vorgehen nicht sinnvoll (da es auf den o. a. Algorithmus durch totale Differentiation führt). Leistungsfähig ist es, wenn T und S in Richtung der Steuerungen nicht differenzierbar sind.

2. Ein funktionalanalytisches Maximumprinzip

2.0. Ausgangspunkt ist das bereits vorgestellte Modell

$$S(x, u) \to \sup$$
$$T(x, u) = 0 \in P$$
$$u \in Q_U$$

für die Steuerung von Prozessen; dabei sollen

V0: X, U, P normierte Räume

$Q_U \subset U, \quad Q_U \neq \emptyset$

$S: X \times U \to \mathbb{R}$ und $T: X \times U \to P$

sein. Die beabsichtigte Teillinearisierung von S und T ermöglicht die Voraussetzung

V1: Es gibt eine offene Menge $\tilde{Q}_U$, $Q_U \subset \tilde{Q}_U \subset U$, so daß für alle $(x, u) \in X \times \tilde{Q}_U$ die partiellen Ableitungen $D_1 S(x, u) \in L(X, \mathbb{R})$ und $D_1 T(x, u) \in L(X, P)$ existieren. Ferner seien $D_1 S$ sowie $D_1 T$ stetig auf $X \times Q_U$

2.1. Teillinearisierung und Abschätzung. Für zwei Variablen (x^0, u^0), $(x, u) \in X \times \tilde{Q}_U$ gilt:

$$\|T(x, u) - T(x^0, u) - D_1 T(x^0, u^0)(x - x^0)\|$$
$$\leqq \underbrace{\Big(\sup_{\tau \in [0,1]} \|D_1 T(x^0 + \tau(x - x^0), u) - D_1 T(x, u^0)\|\Big)}_{n_T(x^0, u^0;\, x, u) :=} \|x - x^0\|$$

mit $n_T(x^0, u^0; x, u) \to 0$, falls $(x, u) \to (x^0, u^0)$ wobei $(x, u) \in X \times \tilde{Q}_U$; vgl. Brown/Page [5; p. 281, cor. 7.3.2]. Analog folgt

$$|S(x, u) - S(x^0, u) - D_1 S(x^0, u^0)(x - x^0)|$$
$$\leqq \underbrace{\Big(\sup_{\tau \in [0,1]} \|D_1 S(x^0 + \tau(x - x^0), u) - D_1 S(x^0, u^0)\|\Big)}_{n_S(x^0, u^0;\, x, u) :=} \|x - x^0\|$$

mit $n_S(x^0, u^0; x, u) \to 0$, falls $(x, u) \to (x^0, u^0)$ wobei $(x, u) \in X \times \tilde{Q}_U$.

2.2. Die weiteren Umformungen zur Charakterisierung des Wertzuwachses und der Optimalität erfordern die Zusatzvoraussetzung:

V2: Zur Variablen (x^0, u^0) soll eine Kovariable p^0 existieren, d. h. ein $p^0 \in L(P, \mathbb{R}) = P^*$ mit

$$p^0(D_1 T(x^0, u^0) h) = D_1 S(x^0, u^0) h \quad \text{für alle} \quad h \in X.$$

Dies bedeutet nichts anderes als die Lösbarkeit der *Kovariablengleichung*

$$D_1 T(x^0, u^0)^* p^0 = D_1 S(x^0, u^0) \quad \in X^*$$

V3: $T(x^0, u^0) = T(x, u) = 0$, beide Variablen sollen zulässig sein.

Mit der

2.3. Definition: *Zur Variablen (x^0, u^0) sei $p^0 \in P^*$ Kovariable. Dann heißt*

$$H^0: U \to \mathbb{R}, \quad u \to H(p^0, x^0, u) := S(x^0, u) - p^0(T(x^0, u))$$

Hamiltonfunktion zu (x^0, u^0).

gilt für die Differenz $\Delta S := S(x, u) - S(x^0, u^0)$ der Werte des Zielfunktionals

$$\begin{aligned} |H^0(u) - H^0(u^0) - \Delta S| &\leqq |H(p^0, x^0, u) - H(p^0, x^0, u^0) - \Delta S| \\ &\leqq |S(x^0, u) - p^0(T(x^0, u)) - (S(x^0, u) - p^0(T(x^0, u^0))) - \Delta S| \\ &\leqq |S(x^0, u) - S(x, u)| + |p^0(T(x^0, u) - T(x, u))| \\ &\leqq \underbrace{(n_S(x^0, u^0; x, u) + \|p^0\|\, n_T(x^0, u^0; x, u))}_{n_\Delta(x^0, u^0; x, u) :=} \|x - x^0\| \end{aligned}$$

mit $n_\Delta(x^0, u^0; x, u) \to 0$ für $(x, u) \to (x^0, u^0)$, wobei $u \in \tilde{Q}_U$ und $T(x, u) = 0$.
Damit ist bewiesen der

2.4. Satz über die Wertdifferenz des Zielfunktionals: *Ein Steuerungsproblem* $(X \times U, S, T, P, X \times Q_U)$ *möge* V 0 *und* V 1 *erfüllen. Zwei Variablen* (x, u), $(x^0, u^0) \in X \times \tilde{Q}_U$ *mögen* V 3 *erfüllen*; p^0 *sei eine Kovariable nach* V 2. *Dann gilt für* $\Delta S := S(x, u) - S(x^0, u^0)$

$$|H^0(u) - H^0(u^0) - \Delta S| \leqq n_\Delta \|x - x^0\|,$$

wobei $n_\Delta \to 0$ *mit* $(x, u) \to (x^0, u^0)$.

2.5. Korollar: *Sei* u^0 *optimal, dann gilt die Maximalität der Hamiltonfunktion*

$$H^0(u) \leqq H^0(u^0) + \mathrm{rest}_\Delta$$

für alle $u \in Q_U$, *für die mit einem* $x \in X$ $T(x, u) = 0$ *gilt; wobei für den Restgliedfehler die Abschätzung aus* 2.4 *gilt.*

Beweis: u^0 optimal ist äquivalent mit $u^0 \in Q_U$ und $\Delta S \leqq 0$ für alle $u \in Q_U$, für die mit einem $x \in X$ $T(x, u) = 0$ gilt.

2.6 Bemerkung: Zur Deutung von 2.4 als konstruktive Vorschrift zur iterativen Verbesserung von Steuerungen sei u^0 eine beliebige vorliegende Steuerung. Wählt man dann aus der Menge aller zulässigen Steuerungen, die in einer genügend kleinen Umgebung von u^0 liegen, u so, daß $H^0(u) = H(p^0, x^0, u) = S(x^0, u) - p^0(T(x^0, u))$ maximiert wird, dann ist damit die größtmögliche lokale Verbesserung (mit einem Verfahrensfehler höherer Ordnung) gefunden. Dies ist der Kern iterativer HAMILTONfunktionsmaximierungen als konstruktive Nutzung von Optimalitätsbedingungen (z. B. des Satzes von PONTRJAGIN bei Kontrollproblemen) zur Ermittlung einer wenigstens lokaloptimalen Steuerung.

2.7. Für gewisse Probleme (Kontrolltheorie, konvexe Optimierung) kann man in (2.5) den Restgliedfehler vernachlässigen, ohne die Ungleichung $H^0(u) \leqq H^0(u^0)$ zu zerstören.

2.8. Welche notationellen Änderungen ergeben sich, wenn X und P unitäre Räume sind? (Bem.: bei vielen Problemen gilt $P = X$ oder $P = U$). Kürzen wir $L := D_1 T(x^0, u^0) \in L(X, P)$ ab und gibt es ein $l \in X$ mit $\langle l, h\rangle = D_1 S(x^0, u^0)\, h$ für alle $h \in X$ (in HILBERTräumen ist die Existenz und Eindeutigkeit von l durch die kanonische lineare bijektive Isometrie $X \to L(X, R) = X^*$ gesichert), dann ist die Kovariable p^0 Lösung der linearen Gleichung $L^* p^0 = l$, denn dann gilt für alle $h \in X$ die Umformung

$$\langle l, h\rangle_X = \langle L^* p^0, h\rangle_X = \langle p^0, L\, h\rangle_P$$

und die HAMILTONfunktion lautet

$$H^0 : u \to S(x^0, u) - \langle p^0, T(x^0, u)\rangle_P .$$

2.9. Welche Schritte umfaßt die Anwendung unseres funktionalanalytischen Maximumprinzips auf ein konkretes Problem der optimalen Steuerung?

S1: Überführung des gegebenen Problems in das Modell $(X \times U, S, T, P, X \times Q_U)$ mit dem Nachweis von V 0
S2: Nachweis, daß die Eigenschaften des gegebenen Problems sichern, daß V 1 erfüllt ist.
S3: Aufstellen einer Berechnungsvorschrift, nach der man zu jeder beliebigen Variablen (x^0, u^0) eine Kovariable p^0 finden kann.

Am Beispiel eines Kontrollproblems führen wir diese Schritte in 3. vor.

3. Der Satz von Pontrjagin

Das in 2. vorgestellte Maximumprinzip soll jetzt dazu dienen, für free-endpoint Kontrollprobleme das Maximumprinzip von PONTRJAGIN zu folgern. Für diesen Problemkreis können die Ergebnisse PONTRJAGINS sogar verallgemeinert werden, da hier der Steuerbereich von der Zeit abhängig sein kann.

Auch für Probleme mit Randbedingungen für die Trajektorie kann man mit Hilfe zusätzlicher gewöhnlicher LAGRANGEmultiplikatoren das Maximumprinzip beweisen, vgl. [14] S. 74 ff.

Zunächst befassen wir uns in 3.1 mit Kontrollproblemen und überführen sie in das allgemeine Modell $(X \times U, S, T, P, X \times Q_U)$ anschließend in 3.2.

Dann zeigen wir, daß alle Voraussetzungen erfüllt sind, um die Ergebnisse, besonders 2.5, der Teillinearisierung aus 2. anwenden zu können. Damit erhalten wir bereits die bekannte Ungleichung der HAMILTONfunktion, deren Gültigkeitsbereich in einem Widerspruchsbeweis globalisiert wird; vgl. 3.3.

In 3.4 schließlich untersuchen wir beide Möglichkeiten zur konstruktiven Nutzung des Maximumprinzips, die Eliminationsmethode und die iterative Maximierung der HAMILTONfunktion.

3.1. Kontrollprobleme

3.1.0 Während bei den in 2. untersuchten Steuerungsproblemen die Zustands- und Steuerungsvariablen Elemente beliebiger normierter Räume sein konnten, befassen wir uns jetzt mit der Optimierung zeitabhängiger Prozesse, bei denen die Zustandsvariablen x und die Steuervariablen u Funktionen der Zeit $t \in I$ sind,

$$x: I \to \mathbb{R}^n, \quad t \to x(t)$$
$$u: I \to \mathbb{R}^m, \quad t \to u(t).$$

Bei derartigen Steuerungsproblemen in Funktionenräumen ist I eine endliche Menge diskreter Zeitstufen oder wie hier bei Kontrollproblemen ein Intervall $I \subset \mathbb{R}$, wobei der Prozeßoperator T durch ein gewöhnliches DGl-System mit Anfangsbedingung gegeben ist.

Da man sich für Steuerungen nicht nur auf Funktionen aus $C_0^m(I)$ beschränken will, andererseits die Räume $L_p^m(I)$, $1 \leqq p < \infty$, auch für die Praxis nichtverwendbare Steuerungen enthalten, untersuchen wir zunächst stückweis-stetige Funktionen.

3.1.1. Definition: *Sei $I \subset \mathbb{R}$ ein abgeschlossenes Intervall. Eine Funktion $w: I \to \mathbb{R}^n$ heißt stückweise stetig, wenn es offene Intervalle $J_\nu \subset I$, $\nu \in \{1, \ldots, k_w\}$, gibt mit*

(a) $I = \bigcup_\nu J_\nu$,

(b) *die Einschränkung $w|J_\nu$ von w auf J_ν ist stetig,*

(c) *$w|J_\nu$ ist stetig fortsetzbar auf $\bar{J}_\nu$;*

$PC_0^n(I) := \{w: I \to \mathbb{R}^n | w \text{ ist stückweise stetig}\}$.

3.1.2. Definition: *Eine Funktion $v: I \to \mathbb{R}^n$ heißt stückweise stetig differenzierbar, wenn es ein $w \in PC_0^n(I)$ gibt mit*

$$v(t) = v(0) + \int_0^t w(s)\,ds \quad \text{für} \quad t \in I;$$

wir schreiben dann $\dot{v} = w$ und $PC_1^n(I) := \{v: I \to \mathbb{R}^n | v \text{ ist stückweise stetig differenzierbar}\}$.

3.1.3 Die Mengen $PC_0^n(I)$ und $PC_1^n(I)$ bilden zusammen mit den üblichen Verknüpfungen lineare Räume, auf denen durch

$$||w||_s := \sup_{t \in I} ||w(t)||$$

eine Norm erklärt ist.

Es gelten die Inklusionen $C_1 \subset PC_1 \subset C_0 \subset PC_0 \subset L_\infty$.

3.1.4 Wir betrachten nun *free-endpoint Kontrollprobleme* über dem Zeitintervall $I = [0, 1]$.

Unter all jenen Steuerungen $u \in PC_0^m$

a) deren Werte $u(t) \in SB(t)$ für alle $t \in I$ in dem von der Zeit abhängigen *Steuerbereich* $SB(t) \subset \mathbb{R}^m$ *liegen* und

b) zu denen es ein zugehöriges $x \in PC_1^n$ gibt, so daß die Prozeßdifferentialgleichung

$$\dot{x}(t) = f(x(t), u(t)) \quad \text{für} \quad t \in I, \quad x(0) = a$$

mit $f: \mathbb{R}^{n+m} \to \mathbb{R}^n$, $a \in \mathbb{R}^n$ erfüllt ist,

soll eine Steuerung u^0 gefunden werden, die zusammen mit dem zugehörigen x^0 das Zielfunktional

$$\int_0^1 g(x(t), u(t))\,dt, \quad g: \mathbb{R}^{n+m} \to \mathbb{R}$$

maximiert.

3.1.5. Für dieses Kontrollproblem sollen f, a, g, SB folgende Eigenschaften aufweisen, vgl. [24, p. 246]:

E1: f und g sind stetig und stetig nach dem ersten Argument partiell differenzierbar.

Dadurch werden die beim Beweis von Optimierungsbedingungen vorzunehmenden Teillinearisierungen ermöglicht.

E2: Zu jeder zulässigen Steuerung soll genau eine Lösung x der Prozeßdifferentialgleichung existieren.

3.1.6. Die zentrale notwendige Bedingung für die Optimalität einer Steuerung u^0 des Kontrollproblems 3.1.4 mit den Eigenschaften 3.1.5 und die von PONTRJAGIN für den Fall eines nichtzeitabhängigen Steuerbereiches angegeben wurde, ist die *punktweise Maximierung der Hamiltonfunktion*:

u^0 sei optimal, x^0 die zugehörige Zustandsvariable. Dann gibt es eine Kovariable $\eta^0 \in PC_1^n$, so daß mit der durch

$$H(\eta, x, u)(t) := g(x(t), u(t)) + \eta(t)^T f(x(t), u(t))$$

definierten Hamiltonfunktion

$$H(\eta^0, x^0, u)(t) \leqq H(\eta^0, x^0, u^0)(t)$$

für alle u mit $u(t) \in SB(t)$ für fast alle $t \in I$. Als Kovariable bezeichnet man dabei jede Lösung im verallgemeinerten Sinn von

$$\dot\eta(t) = -l(t) - A(t)^T \eta(t); \quad \eta(1) = 0$$

wobei

$$A(t) := D_1 f(x^0(t), u^0(t)) \in \mathbb{R}^{nn}$$

und

$$l(t) := D_1 g(x^0(t), u^0(t))^T \in \mathbb{R}^n$$

abgekürzt sind.

Beim Beweis in 3.2 und 3.3 werden wir auch sehen, daß sich die hier verwendeten Begriffe wie Kovariable und HAMILTONfunktion (nach einer einfachen Transformation) den gleichlautenden in 2. eingeführten unterordnen.

3.2. Die partielle Linearisierung

Wir werden jetzt das funktionalanalytische Maximumprinzip aus 2. auf das Kontrollproblem 3.1.4 anwenden und 3.1.6 aus 2.5 herleiten. Dazu folgen wir den in 2.9 angegebenen Schritten.

3.2.1 Überführung des Kontrollproblems 3.1.4 in das Modell:

$X = P := PC_1^n$, $U := PC_0^m$ mit der Sup-Norm $\|\cdot\|$ aus 3.1.3

$$S(x, u) := \int_0^1 g(x(t), u(t))\, dt$$

$$T(x, u)(t) := x(t) - a - \int_0^t f(x(s), u(s))\, ds$$

$$Q_U := \{u \in U \mid u(t) \in SB(t) \quad \text{für} \quad t \in I\}.$$

Unmittelbar erkennt man, daß V 0 erfüllt ist und daß die in 1. definierten Begriffe wie Optimalität genau die in 3.1.4 treffen.

3.2.2 Folgerung von V 1 aus den Eigenschaften 3.1.5.

Sei $(x^0, u^0) \in X \times U$ und $A(t) = D_1 f(x^0(t), u^0(t))$, $A \in P\,C_0^{nn}$ wie in 3.1.6 abgekürzt.
Dann ist

$$L: X \to P; \quad (L\,h)(t) := h(t) - \int_0^t A(s)\, h(s)\, ds$$

linear (klar) und stetig, denn

$$\|L\,h\|_s \leqq (1 + n\,\|A\|_s)\,\|h\|.$$

Ferner gilt $L = D_1\, T(x^0, u^0)$ und $(x, u) \to D_1\, T(x, u)$ ist im Punkt (x^0, u^0) stetig. Die Beweise sind einfach und in [31] ausgeführt.

Ähnlich findet man mit $l(t) := D_1\, g(x^0(t), u^0(t))^T \in \mathbb{R}^n$

$$D_1\, S(x^0, u^0)\, h = \int_0^1 l(t)^T h(t)\, dt$$

und die Stetigkeit von $(x, u) \to D_1\, S(x, u)$. Somit ist V 1 erfüllt.

3.2.3 Existenz und Berechnung einer Kovariablen. Kovariable ist jedes lineare stetige Funktional $p^0: P \to \mathbb{R}$, das durch

$$p^0(h) := \int_0^1 -\dot\eta^0(t)^T h(t)\, dt$$

definiert wird, wobei der Kern $\dot\eta^0 \in PC_0^n$ Lösung des linearen DGl-Systems

$$\dot\eta^0(t) = -l(t) - A(t)^T \eta^0(t)$$

$$\eta^0(1) = 0$$

ist, dessen Lösbarkeit (im verallgemeinerten Sinn) aus der Theorie der linearen DGl-Systeme folgt. Daß eine so bestimmte Kovariable $p^0 \in L(P, \mathbb{R})$ die verlangte Eigenschaft

$$D_1\, S(x^0, u^0)\, h = l(h) = p^0(L\,h) = p^0\,(D_1\, T(x^0, u^0)\, h)$$

für $h \in X$ tatsächlich besitzt, zeigt man sofort [31].

3.2.4. Damit sind alle Voraussetzungen gegeben, um Korollar 2.5 anwenden zu können. Dazu berechnen wir

$$\begin{aligned} H^0(u) &= H(p^0, x^0, u) = S(x^0, u) - p^0(T(x^0, u)) \\ &= \int_0^1 g(x^0(t), u(t))\, dt + \int_0^1 \dot\eta^0(t)^T \left(x^0(t) - a - \int_0^1 f(x^0(s), u(s))\, ds\right) dt \\ &= \int_0^1 g(x^0(t), u(t)) + \eta^0(t)^T f(x^0(t), u(t))\, dt + c \\ &= \text{mit den Bezeichnungen von 3.1.6} \\ &= \int_0^1 H(\eta^0, x^0, u)\,(t)\, dt + c\,, \end{aligned}$$

wobei die Konstante $c = p^0\,(x^0 - a)$ von u unabhängig ist und sich dann auf beiden Seiten der Ungleichung der HAMILTONfunktionen weghebt.

Da es, wie in 3.1.5 bemerkt, zu jedem $u \in Q_U$ genau ein $x \in X$ mit $T(x, u) = 0$ gibt, liefert uns 2.5 bereits

3.2.5. u^0 optimal, dann gilt für jede Kovariable im Sinne von 3.1.6

$$\int_0^1 H(\eta^0, x^0, u)\,(t)\, dt \leqq \int_0^1 H(\eta^0, x^0, u^0)\,(t)\, dt + \text{rest}_\Delta$$

für alle

$$u \in Q_U;$$

wobei für den Fehler die aus 2.4 bekannte Abschätzung gilt. Demnach brauchen wir nur noch zu zeigen, daß man in 3.2.5 das Fehlerglied global vernachlässigen kann, ohne die Ungleichung zu zerstören (*Globalisierung*), und daß die Ungleichung der Integrale die punktweise Ungleichung der Integranden impliziert.

3.3. Globalisierung

Hier genügt eine Skizze, der ausführliche Beweis ist in [31] wiedergegeben.

3.3.1. Annahme, man kann die Restglieder nicht vernachlässigen. Dann gibt es ein $u_b \in Q_U$ mit

$$\int_0^1 H^\circ(u_b)\,(t)\, dt > \int_0^1 H^\circ(u^\circ)\,(t)\, dt\,.$$

Folglich gibt es ein Intervall $I_b \subset I$ der Länge δ_b mit

$$H^0(u_b)\,(t) > H^0(u^0)\,(t) \qquad \text{für} \qquad t \in I_b$$

und in dem $H^0(u^0)$ stetig ist.

3.3.2. Wir konstruieren nun eine Familie $\{u_\delta\}_{\delta \in (0, \delta_b]}$ von Spikevariationen, die bis auf eine kurzzeitige Störung der Dauer δ auf I_δ mit u^0 übereinstimmen:

$$u_\delta(t) := \begin{cases} u_b(t) & \text{für} \quad t \in I_\delta \\ u^0(t) & \text{sonst} \end{cases}$$

Aus dieser Definition folgt für alle $\delta \in (0, \delta_b]$ sofort $u_\delta \in Q_U$ und deswegen nach 3.2.5 und 3.3.1

$$0 < \int_0^1 H^0(u_\delta)\,(t) - H^0(u^0)\,(t)\, dt = \int_{I_\delta} H^0(u_\delta)\,(t) - H^0(u^0)\,(t)\, dt \leqq n_\Delta(x^0, u^0; x_\delta, u_\delta)\,||x_\delta - x^0||_s$$

für alle $\delta \in (0, \delta_b]$.

Durch Multiplikation mit $1/\delta$ und den Grenzübergang $\delta \to 0$ wird sich daraus ein Widerspruch ergeben, da dann das Integral über I_δ mit dort stetigen Integranden nach dem Mittelwertsatz gegen $H(u_b)\,(t_b) - H^\circ(u^\circ)(t_b)$ mit $t_b \in I_b$ strebt, was von Null verschieden ist, und man durch elementare Abschätzungen [31]

$$\lim_{\delta \to 0} n_\Delta(x^0, u^0, x_\delta, \mu_\delta)\,||x_\delta - x^0||_s/\delta = 0$$

zeigen kann.

3.3.3. Die Ungleichung der Integrale ist äquivalent mit der (fast überall) punktweisen Ungleichung der Integranden. Einfacher Widerspruchsbeweis in [31].

Damit ist das Maximumprinzip 3.1.6 bewiesen und als eine Bedingung erkannt, die durch partielle Linearisierung von Prozeß und Zielfunktional sowie anschließende Globalisierung entsteht.

3.4. Konstruktive Nutzung

Alle erfolgreichen Versuche einer konstruktiven Nutzung lassen sich nach zwei grundsätzlichen Vorgehensweisen einordnen [31]: der *Elimination der Steuervariablen* und der *iterativen Maximierung der Hamiltonfunktion* [13]. Die Elimination der Steuervariablen ist nur bei einfachen Demonstrationsproblemen und bei linearen Kontrollproblemen möglich. Sie führt auf ein Randwertproblem für x und p aus Prozeß und Kovariablengleichung, das im linearen Fall in zwei getrennte, voneinander unabhängige integrierbare DGl-Systeme mit Anfangsbedingungen zerfällt. Die iterative Maximierung der HAMILTONfunktion ist nur möglich, wenn der Prozeßoperator T und das Zielfunktional S auch in Richtung der Steuervariablen u differenzierbar sind. Dann zeigt sich allerdings, daß die Anwendung des Maximumprinzips (Teillinearisierungen $\partial T/\partial x$ und $\partial S/\partial x$) und anschließend dessen Nutzung (Verwendung von $\partial T/\partial u$ und $\partial S/\partial u$) in denselben Algorithmus der Politik- bzw. Steuervariablenverbesserung mündet, der von GESSNER vorgestellt und bei einem großen Kreis von Optimierungsproblemen praktisch verwirklicht wurde (totale Differentiation von T und S). Bei der iterativen Maximierung der HAMILTONfunktion kann natürlich die Globalisierung keine Verwendung finden; ebenso scheint vom Standpunkt der Nutzung der Beweisschritt für die Vernachlässigbarkeit der Restglieder weniger bedeutsam zu sein.

Diese beiden Nutzungsmöglichkeiten des Maximumprinzips für die von PONTRJAGIN behandelte spezielle Klasse von Kontrollproblemen lassen sich unschwer verallgemeinern und erweisen sich dann als die beiden Möglichkeiten zur Nutzung des allgemeinen Maximumprinzips aus 2. für alle Steuerprobleme, die das Modell erfaßt.

4. In den Zustandsvariablen lineare Operatoren

4.0. Die Verallgemeinerung von Kontrollprozessen, bei denen g und f linear in $x(t)$ sind, führen auf solche Operatoren S und T, für die es (von der vorgegebenen Stelle x^0 und u^0 abhängige) *lineare* Operatoren $L\colon X \to P$ und $l\colon X \to \mathbb{R}$ gibt, so daß

$$L\,(x - x^0) = T(x, u^0) - T(x^0, u^0)$$

und

$$l\,(x - x^0) = S(x, u^0) - S(x^0, u^0)$$

für alle $x \in X$ gilt. Es folgt dann sofort für alle $u \in Q_U$ die Identität

$$S(x, u) - p^0\big(T(x, u)\big) = S(x, u^0) - p^0\big(T(x, u^0)\big) + \Delta S\,.$$

4.1 *In den Zustandsvariablen lineare Kontrollprobleme.* Wendet man dieses Ergebnis auf das Kontrollproblem

$$x(t) = a + \int_0^t A(s)\,x(s) + \varphi\big(u(s)\big)\,ds$$

$$c^T\,x(1) \to \sup$$

an, so folgt das Maximumprinzip für dieses Problem:

$$u^0 \text{ optimal} \quad \Leftrightarrow \Delta S \leqq 0 \quad \text{für alle} \quad u \in Q_U$$

$$\Leftrightarrow \quad \eta^0(t)^T\,\varphi\big(u(t)\big) \leqq \eta^0(t)^T\,\varphi\big(u^0(t)\big) \quad \text{für alle} \quad t \text{ und alle } u \in Q_U\,,$$

wobei

$$\dot\eta^0(t) = -\,A(t)^T\,\eta^0(t); \qquad \eta^0(1) = c\,.$$

Man beachte, daß in diesem Fall die Maximalität der HAMILTONfunktion auch *hinreichend* für Optimalität ist.

4.2. *Herleitung der Politikiteration von Howard.* Bei den betrachteten MARKOVprozessen mit n Zuständen ist die stochastische Zustandsübergangsmatrix $P(u) \in [0, 1]^{(n,n)}$ abhängig von der Politik u, die so gewählt werden soll, daß *im stationären Zustand* der Erwartungswert des Gewinnes pro Zustandsübergang möglichst groß wird [20, pp. 32—43] (es wird angenommen, daß alle möglichen Politiken vollständige ergodische MARKOVprozesse bewirken). Bezeichnet $x \in [0, 1]^n$ den Vektor der Wahrscheinlichkeiten x_i, $i = 1(1)\,n$, daß sich der Prozeß im i-ten Zustand befindet, dann gilt

$$x = P(u)^T\,x\,.$$

Der MARKOVprozeß ist bewertet: ein Übergang vom i-ten in den j-ten Zustand bringt den Gewinn $r_{ij} \in \mathbb{R}$. Befindet sich der Prozeß im Zustand i, ist demnach beim nächsten Übergang ein Gewinn von

$$q_i(u) := \sum_{j=1}^{n} r_{ij}\,P_{ij}(u)$$

zu erwarten.

Die Politik u ist ein n-Tupel von Entscheidungen u_i, $i = 1(1)\,n$; dabei ist u_i Element einer Menge Q_{U_i} von Entscheidungen, die zur Wahl stehen, wenn sich der Prozeß im i-ten Zustand befindet,

$$u \in Q_U := \mathop{\times}_{i=1(1)n} Q_{U_i}\,.$$

Man beachte, daß die Matrixelemente $P_{ij}(u)$ für $j = 1(1)\,n$ nur von der Entscheidung u_i abhängen.

Beschreibt man dieses Optimierungsproblem bewerteter stationärer MARKOVprozesse durch das Steuerungsmodell, entspricht (die Kovariable p° BELLMANS *rekursiven Größen V*, KUSHNER [22]) die Kovariablengleichung

Howards Value-determination Operation for the given policy u^0; und aus der in 4.0 bewiesenen Ungleichung folgt einerseits die *Policy-improvement Routine*, andererseits Hinweise auf eine Verbesserung dieses Algorithmus [14], [31].

5. Nichtlineare Programmierung

5.0 *Lineare, konvexe* und *nichtlineare Optimierungsaufgaben* können auch in das Steuerungsmodell überführt werden. Das Maximumprinzip (2.5) liefert dann bekannte Sätze (KUHN-TUCKER, LAGRANGEmultiplikatoren) Bei konvexen Problemen kann man die Restglieder (Widerspruchsbeweise) vernachlässigen, bei allgemeinen nichtlinearen Aufgaben kommt man zu Sattelpunktbedingungen.

5.1 *Konvexe Optimierung.* Gegeben sind konvexe Funktionale $f_0, f_1, \ldots, f_m\colon \mathbb{R}^n \to \mathbb{R}$; gesucht ist ein $x^0 \in \mathbb{R}^n$, das $f_0(x)$ minimiert unter den Bedingungen $x \geqq 0$ und $f_i(x) \leqq 0$ für alle $i = 1(1)\,n$. Wir wählen

$$X = U = P = \mathbb{R}^n$$

$$S(x, u) := -f_0(x)$$

$$T(x, u) := x - u$$

$$Q_U := \{v \in \mathbb{R}^n | v \geqq 0; \quad f_i(v) \leqq 0 \quad \text{für} \quad i = 1(1)\,n\}\,.$$

5.2 Für das allgemeine *nichtlineare Problem* mit $F\colon \mathbb{R}^n \to \mathbb{R}^m$; $f\colon \mathbb{R}^n \to \mathbb{R}$;

$$f(x) \to \max, \qquad \text{wobei} \qquad F(x) \geqq 0\,,$$

wählen wir

$$X = \mathbb{R}^n; \qquad U = P - \mathbb{R}^m$$

$$S(x, u) := f(x)$$

$$T(x, u) = F(x) - u$$

$$Q_U := (\mathbb{R}_+)^m$$

6. Literaturverzeichnis

1 AKHIEZER, N. I., The Calculus of Variations; engl. Üb. d. russ. Orig., Blaisdell Publ. Comp., New York 1962.
2 AUSLENDER, M., Methods d'optimisation dans la theorie du controle; Computing Methods in Optimization Problems; Lecture Notes in Operations Research and Mathematical Economics, **14**, Springer, Berlin 1968.
3 BALAKRISHNAN, A. V., NEUSTADT, L. W. (Eds), Matematical Theory of Control; Academic Press, 1967.
4 BERKOVITZ, L. D., Variational Methods in Problems of Control and Programming; Journal of Mathematical Analysis and Applications, **3**(1), pp. 145—169 (1961).
5 BROWN, A. L., PAGE, A., Elements of Functional Analysis. Van Nostrand Comp. London, 1970.
6 BUTKOVSKII, A. G., The necessary and sufficient conditions for optimality of discrete control systems; eng. Üb. d. russ. Orig.; Automation and Remonte Control; **24**, pp. 963—970 (1964).
7 CANON, M. D., CULLUM Jr., C. D., POLAK, E., Theory of Optimal Control and Mathematical Programming. McGraw-Hill Series in Systems Science, New York 1970.
8 COLLATZ, L., Funktionalanalysis und numerische Mathematik; Grundlehren Bd. 120, Berlin 1968.
9 DIEUDONNÉ, J., Foundations of Modern Analysis; Pure and Applied Mathematics, **10**, Academic Press, New York 1960.
10 EL-HODIRI, M. A., Constrained Extrema. Introduction to the Differentiable Case with Economic Applications; Lecture Notes in Operations Research and Mathematical Systems, **56**, Springer Berlin 1971.
11 FEILMEIER, M., GESSNER, P., WACKER, H. J., Lineare Kontrollprobleme; Unternehmensforschung **14**, S. 263—275 (1970) 4.
12 GESSNER, P., Optimierungsprobleme in unitären Räumen. Habilitationsschrift, TU München 1970.
13 GESSNER, P., SPREMANN, K., Optimierung in Funktionenräumen. Lecture Notes in Economics and Mathematical Systems, **64**, Springer, Heidelberg 1972.
14 SPREMANN, K., GESSNER, P., Konstruktive Optimierung dynamischer und stochastischer Prozesse; Mathematical Systems in Economics, Bd. 8; Verlag Anton Hain 1973.
15 GESSNER, P., WACKER, H. J.: Dynamische Optimierung — Modelle und Computerprogramme; Carl Hanser Verlag München, 1972.
16 GIRSANOV, I. V., Lectures on Mathematical Theory of Extremum Problems; Lecture Notes in Economics and Mathematical Systems, **67**, Springer, Berlin 1972.
17 GLASHOFF, K., Pseudo-Solutions of Optimization Problems and Lagrange-multipliers. ZAMM **54**, S. T218 f. (1974)
18 HESTENES, M. R., Calculus of Variations and Optimal Control Theory; Applied Mathematics Series, Wiley, New York 1966.
19 HOLTZMAN, J. M., Convexity and the Maximum Principle for Discrete Systems; IEEE Trans. on Automatic Control, AC-**11**, pp. 30—35 (1966) 1.
20 HOWARD, R. A., Dynamic Programming and Markov Processes; 2nd ed., Cambridge, Massachusetts, MIT Press, 1962, pp. 32—43.
21 HWANG, C., FAN, L., A Discrete Maximum Principle; Operations Research (1967) **15**, pp. 139—146.
22 KUSHNER, H., Introduction to stochastic Control; Holt, Rinehart and Watson, Inc., New York 1971.
23 LAURENT, P. J., Approximation et optimisation. Collection Enseignement des sciences, **13**; Hermann, Paris 1972.
24 LEE, E. B., MARKUS, L., Foundations of Optimal Control Theory. Wiley, New York 1967.
25 LUENBERGER, D. G., Optimization by Vector Space Methods; Wiley, New York 1969.
26 NEUMANN, K., Ein Verfahren zur Lösung gewisser nichtlinearer Kontrollprobleme; Computing (1970) **6**, S. 249—26.
27 NEUSTADT, L. W., An Abstract Variational Theory with Applications to a Broad Class of Optimization Problems, I. General Theory, II. Applications; SIAM J. Control, **4**, pp. 505—527 (1966), **5**, pp. 90—137 (1967).
28 NEUSTADT, L. W., Optimal Control Problems with Operator Equation Restrictions. Symposium on Optimization; Lecture Notes in Mathematics 132, Springer Verlag 1970, pp. 292—306.

29 Pflaumann, E., Unger, H., Funktionalanalysis I; BI-82, Mannheim 1968.
30 Pontrjagin, L. S. et al., Mathematische Theorie optimaler Prozesse; Oldenbourg-Verlag, München 1967.
31 Spremann, K., Beweisprinzipien für Optimalitätsbedingungen bei zeitabhängigen Prozessen. Diss. Technische Universität München, 1972.
32 Spremann, K., Ein funktionalanalytischer Beweis des Maximumprinzips von Pontrjagin und dessen Verwendung zur Herleitung der Politikiteration von Howard. Computing 9, 343—353 (1972).
33 Wacker, H. J., Behandlung von Nichtlinearitäten in Banachräumen. Methoden und Verfahren der Mathematischen Physik, 1971.

Eingereicht am 27. 6. 1973

Anschrift: Dr. rer. nat. Klaus Spremann, Institut für Wirtschaftstheorie und Operations Research der Universität Karlsruhe, 7500 Karlsruhe 1, Kaiserstr. 12, Kollegium am Schloß/Bau III, BRD

ZAMM 54, 303 – 309 (1974)

J. Röseler / K. Henneberger*)

Bloch Electrons in the Electric Field: Existence and Properties of the Solutions of the Auxiliary Equation Stated by Wannier

Unter Verwendung des Konzepts der temperierten Distributionen kann die Existenz von Lösungen der Wannierschen Hilfsgleichung nachgewiesen werden, die vom Blochtyp sind. Weiterhin wird gezeigt, daß dieser Satz von Blochfunktionen vollständig im Sinne der quantentheoretischen Axiomatik ist und daß diese Lösungen glatte und periodische Funktionen bezüglich ihrer k-Abhängigkeit sind.

Using the concept of tempered distributions, the existence of Bloch-type solutions of Wannier's auxiliary equation can be proved. Furthermore, this set of Bloch-type functions is shown to be complete in the sense of the quantum-theoretical axioms, and these solutions are recognized to be smooth and periodic functions with respect to their k-dependence.

Пользуясь представлением об умеренных распределениях можно доказать существование решений типа Блоха для вспомогательного уравнения Ваннисра. Далее показано, что этот закон о функциях Блоха отвечает по смыслу полностью квантовотеоретической аксиоматике и что эти решения являются гладкими периодическими функциямы по отношению к их к-той зависимости.

1. Introduction

It is well-known that in one dimension the time-dependent Schrödinger equation of the Bloch Hamiltonian with a superimposed electric field $\boldsymbol{E}$

$$H = \frac{p^2}{2m} + V(x) + Fx \tag{1}$$

is approximately solved by the Housten function [1]

$$\varphi(x, t) = e^{-\frac{i}{\hbar}\int\limits_0^t \mathrm{d}t' E_\nu(k_{t'})} \varphi_{\nu k_t}(x) , \tag{2}$$

where $E_\nu(k)$ and $\varphi_{\nu k}(x)$ are the Bloch energies and the Bloch functions in the field-free case, respectively. The symbol k_t is the abbreviation for $k - \frac{F}{\hbar} t$, where $e < 0$ and $F = |e|\,|\boldsymbol{E}|$ hold true. In order to derive expression (2), one has to neglect the field-induced coupling of Bloch bands. In order to obtain exact Houston-type solutions Wannier [2]—[4] stated the auxiliary equation

$$\left(H + iF\frac{\partial}{\partial k}\right)\psi_{\nu k}(x) = W_\nu(k)\,\psi_{\nu k}(x) , \tag{3}$$

the only meaning of which is that by replacing the quantities $E_\nu(k)$ and $\varphi_{\nu k}(x)$ in expression (2) by $W_\nu(k)$ and $\psi_{\nu k}(x)$, respectively, one obtains an exact solution of the time-dependent Schrödinger equation [4]. Obviously, in this Houston-type solutions all interband coupling with respect to the Bloch-type functions $\psi_{\nu k}(x)$ is removed. It should be noted that the term "interband coupling" does not possess an invariant meaning, but depends on the set of Bloch functions chosen. Especially all interband coupling based on the field-free band picture is incorporated in the exact Houston-type solution, though there exists no interband coupling with respect to the band picture defined by (3).

Several authors have misunderstood or misinterpreted Wannier's auxiliary equation (WAE), particularly in regard to the question whether a quantum-mechanical eigenvalue problem is represented by WAE. Zak [5], [6] has failed to recognize that WAE has the character of an auxiliary equation as described above, but he believed WAE to be an approximate equation resulting from the time-independent Schrödinger equation for H in the k,q-representation [7], [8]. Wannier [9] has corrected this error in a later reply. Adams argumentation [10] is based on the crystal momentum representation [11] defining the operator $\frac{\partial}{\partial k}$ as a quantum-mechanical one by its action on the field-free Bloch states, which is, of course, not its meaning in WAE.

Following Wannier we regard WAE as a second-order partial differential equation with the variables x and k, in Bloch-type solutions in which we are interested. Because of the auxiliary character of WAE there is no reason to look for a physical meaning associated with it. In our opinion this question cannot be answered

*) Sektion Physik der Humboldt-Universität zu Berlin

by WAE alone without further assumptions. Clearly, the operator $\frac{\partial}{\partial k}$ has to be defined by its action on the Bloch-type solutions of WAE. Naturally, this prescription leads only to a quantum-mechanical operator if WAE possesses a set of Bloch-type solutions being complete in the sense of the axioms of quantum mechanics. Both, the existence and completeness of this set of Bloch-type solutions cannot be derived from the axioms of the quantum theory, as is usually done for quantum-mechanical observables. The fact that the operator $H + iF\frac{\partial}{\partial k}$ is not an observable in the usual sense can be seen from the following:

Under the condition that $\psi_{\nu k}(x)$ is some solution of WAE a new solution is found by

$$\overline{\psi}_{\nu k}(x) = e^{i\theta_\nu(k)}\, \psi_{\nu k}(x)\,, \tag{4}$$

for which $W_\nu(k)$ is replaced by

$$\overline{W}_\nu(k) = W_\nu(k) - F\,\frac{\partial \theta_\nu(k)}{\partial k}\,. \tag{5}$$

Consequently, the numbers $W_\nu(k)$ cannot be the eigenvalues of any observable, i.e. neither $\psi_{\nu k}(x)$ nor $W_\nu(k)$ have a direct physical meaning. It is easily verified that the Houston-type solutions $\overline{\psi}(x, t)$ and $\psi(x, t)$ differ only in the phase factor $\exp\left(i\theta_\nu(k)\right)$, as is to be expected.

The above considerations suggest that for all further investigations of WAE one has first to ensure the existence and completeness of a set of Bloch-type solutions. For this purpose we base our notion of existence and completeness of solutions on the concept of distributions, which will be briefly explained in the next section. In section 3 we examine a formal Fourier series expansion, first given by Wannier [4], whose Fourier coefficients are formed by the eigenfunctions of H. In contrast to Wannier, who has attempted to show the point by point convergence of his series, we have used the convergence notion resulting from our distribution concept. With the aid of this convergence notion the formal series is proved to exist and to be a smooth function of the wave number k. In section 4 the formal Fourier series is shown to be a solution of WAE. Furthermore, the Bloch-type character and completeness in the sense of the quantum-theoretical axioms are verified. A review of results and vacant problems is given in the last section.

2. The Basic Ideas of the Distribution Theory

As has been pointed out by several authors in the years since 1950, the distribution formalism is the most general mathematical concept of the quantum theory [12], [13], [14].

We are referring here to this general concept, because the most essential quantities, i.e. the Bloch-type solution of WAE and its derivatives with respect to k, do not possess a mathematical meaning in the scope of the classical analysis[1]), although, as we shall show in this paper, they have a well-defined physical signification. In order to have a foundation for the further considerations, we confine our statements, as is usually done in quantum theory, to the space S' of the so-called tempered distributions which are defined in the following manner [14]: Let S be the space of all "rapidly decreasing" or "tempered" test functions, i.e. let S consist of all infinitely differentiable functions $\varphi(x)$ which, together with their derivatives, approach zero more rapidly than any power of $|x|^{-1}$ as $|x| \to \infty$.

Thus the tempered functions $\varphi(x) \in S$ satisfy inequalities of the form

$$\left| x^n \frac{\partial^m \varphi}{\partial x^m} \right| \leqq C_{n,m} \tag{6}$$

for any $n, m = 0, 1, 2, \ldots$ Then each linear, continuous[2]) functional f which associates a complex number $f(\varphi)$ by some rule with every $\varphi(x) \in S$ will by termed a tempered distribution. Particularly, we may assign a tempered distribution u in a simple manner by means of the rule

$$u(\varphi) \equiv (u, \varphi) = \int_{-\infty}^{+\infty} u^*(x)\, \varphi(x)\, \mathrm{d}x \tag{7}$$

to any function $u(x)$ which is locally integrable and increases suffiently slowly at infinity.

Such a distribution, which corresponds with an ordinary function, is called a regular distribution.

Now it is necessary that the operations holding for ordinary functions are also introduced for distributions. Let u and v be arbitrary distributions, α a number, and w a regular distribution, corresponding to a function

[1]) For example, Wannier [4] has shown the first derivative of his formal series to be divergent with respect to k. Consequently WAE, containing the operator $\frac{\partial}{\partial k}$, has no meaning referring to the formal series.

[2]) The notion of continuity of the functionals is essentially based on the definition of convergence in the test function space S, which is not treated explicitely in this paper. For details, see references [14], [15].

$w(x)$ for which $w(x)\,\varphi(x)$ is a tempered function. We then define:

$$(u+v,\varphi)=(u,\varphi)+(v,\varphi)\,,\qquad (\alpha u,\varphi)=(u,\alpha^*\varphi)\,,$$
$$(wu,\varphi)=(u,w^*\varphi)\,,\qquad \left(\frac{\mathrm{d}u}{\mathrm{d}x},\varphi\right)=\left(u,-\frac{\mathrm{d}\varphi}{\mathrm{d}x}\right). \tag{8}$$

A sequence of distributions f_n is said to converge to the distribution f, if for every $\varphi(x)\in S$ the numbers $f_n(\varphi)$ converge to the number $f(\varphi)$ in the ordinary sense. The limit f is uniquely determined by this definition. Similarly, the series $\sum\limits_{n=0}^{\infty} g_n$ is said to converge to g, if for every $\varphi(x)\in S$

$$\sum_{n=0}^{\infty} g_n(\varphi)=g(\varphi)\,. \tag{9}$$

There are three important conclusions, drawn from the above definitions:

Firstly, convergent sequences and series can be differentiated term by term.

Secondly, every singular distribution is the limit of a sequence of regular distributions in S'.

Thirdly, the space S' of tempered distributions is complete with respect to the convergence, as defined here [15].

3. Proof of Existence for a Formal Series in S′

First we shall regard the eigenvalue problem of the HAMILTONian H, which is the fundamental quantity in this paper. Supposing the potential $V(x)$ to be continuous and periodic with the lattice constant a, the eigenvalue equation

$$\left(-\frac{\hbar^2}{2m}\frac{\mathrm{d}^2}{\mathrm{d}x^2}+V(x)+Fx\right)\psi_E(x)=E\psi_E(x)\,, \tag{10}$$

which is a second-order ordinary differential equation, possesses the general solution

$$\psi_E(x)=C_1A_E(x)+C_2B_E(x)\,. \tag{11}$$

For $|x|\to\infty$ in (10) the periodic potential becomes negligible compared with the field energy Fx, and we find an asymptotic equivalence between the functions $A_E(x)$ and $B_E(x)$ and the solutions of the free electron equation, respectively, obtained from (10) for $V(x)\equiv 0$. Let $A_E(x)$ asymptotically correspond to the convergent solution

$$Ai\left[\left(\frac{2mF}{\hbar^2}\right)^{1/3}\left(x-\frac{E}{F}\right)\right]\quad \text{of (10) for } V(x)\equiv 0,\ \text{where}$$

$$Ai(\xi)=\frac{1}{\sqrt{\pi}}\int\limits_0^{\infty}\mathrm{d}u\,\cos\left(\frac{u^3}{3}+u\xi\right)$$

is AIRY's function, then we have to remove the asymptotically diverging part of (11).

The remaining constant C_1 has to be determined through normalization, whereas no condition holds for restricting the energy values. Thus, the spectrum of H is continuous and no forbidden values of E can exist. Obviously, the spectrum of H is nondegenerate.

In order to obtain BLOCH-type solutions of WAE we consider the formal series

$$\psi_{\nu k}(x)=\sum_{n=-\infty}^{+\infty} \mathrm{e}^{ikna}\,\psi_{\nu+nFa}(x)\,, \tag{12}$$

where a denotes the lattice constant and ν represents any energy value in (10), for which

$$0\leqq \nu<Fa\,. \tag{13}$$

WANNIER [4] has examined the point by point convergence of the series (12) with the aid of the asymptotic behaviour of the eigenfunctions $\psi_E(x)$. He has shown the expression $\frac{\partial\psi_{\nu k}}{\partial k}$, resulting from (12), to be divergent. Thus, each interpretation of $\psi_{\nu k}(x)$ in connection with WAE involving the operation $\frac{\partial}{\partial k}$ is a question beyond the scope of classical analysis.

From our more general point of view we have to conceive the WAE as a distribution equation and, hence, the formal series (12) as the distributions series

$$\psi_{\nu k}(\varphi)=\sum_{n=-\infty}^{+\infty} \mathrm{e}^{ikna}\psi_{\nu+nFa}(\varphi)\,, \tag{14}$$

where $\psi_{\nu+nFa}$ denotes the regular distribution corresponding to the eigenfunction $\psi_{\nu+nFa}(x)$, i.e.

$$\psi_{\nu+nFa}(\varphi) = \int_{-\infty}^{+\infty} \psi_{\nu+nFa}(x)\, \varphi(x)\, dx\,. \tag{15}$$

Next we have to guarantee the existence of the distribution given by (14) by proving the convergence of the series (14) for every $\varphi(x) \in S$. Furthermore, the distribution $\psi_{\nu k}$ is shown to be a smooth and periodic function of k.

The starting point of our considerations is the series

$$\chi_{\nu k}(\varphi) = \frac{1}{a} \sum_K \tilde{\varphi}(k+K)\, \tilde{\psi}_\nu(k+K)\,, \qquad K = \frac{2\pi}{a} m\,, \tag{16}$$

where $\tilde{\varphi}(k)$ and $\tilde{\psi}_\nu(k)$ are the FOURIER transforms of $\varphi(x)$ and $\psi_\nu(x)$, respectively, i.e.

$$\begin{aligned} \tilde{\varphi}(k) &= \int_{-\infty}^{+\infty} e^{ikx}\, \varphi(x)\, dx\,, \\ \tilde{\psi}_\nu(k) &= \int_{-\infty}^{+\infty} e^{-ikx}\, \psi_\nu(x)\, dx\,. \end{aligned} \tag{17}$$

First, $\chi_{\nu k}(\varphi)$ and $\frac{\partial}{\partial k}\chi_{\nu k}(\varphi)$ are proved to be smooth functions with respect to k. Hereby we assume the existence and the continuity of $\tilde{\psi}_\nu(k)$, $\frac{\partial}{\partial k}\tilde{\psi}_\nu(k)$, and $\frac{\partial^2}{\partial k^2}\tilde{\psi}_\nu(k)$ and the validity of the relations

$$|\tilde{\psi}_\nu(k)| \leqq M_0\,, \qquad \left|\frac{\partial \tilde{\psi}_\nu(k)}{\partial k}\right| \leqq M_1 + M_2 k^2\,, \tag{18a, b}$$

$$\left|\frac{\partial^2 \tilde{\psi}_\nu(k)}{\partial k^2}\right| \leqq M_3 + M_4|k| + M_5 k^2 + M_6 k^4\,. \tag{18c}$$

A discussion of these assumptions is given in the appendix. From equation (15) it is easily verified that $\chi_{\nu k}$ is periodic with respect to k, i.e.

$$\chi_{\nu k+K}(\varphi) \equiv \chi_{\nu k}(\varphi)\,. \tag{19}$$

Using the inequality (6) and the well-known fact that the FOURIER transform of a tempered function is also a tempered function, we obtain

$$\frac{1}{a}\, |\tilde{\varphi}(k+K)\, \tilde{\psi}_\nu(k+K)| \leqq \frac{M_0 C_{n,0}}{a|k+K|^n}\,, \tag{20}$$

where M_0 denotes the maximum of $|\tilde{\psi}_\nu(k)|$. Because of the periodicity of $\chi_{\nu k}(\varphi)$ with respect to k it is sufficient to investigate the convergence properties of the series (16) in the interval $-\frac{\pi}{a} \leqq k \leqq \frac{\pi}{a}$. Excluding the term in which $K = 0$ we obtain by the inequality

$$\frac{1}{a}\, |\tilde{\varphi}(k+K)\, \tilde{\psi}_\nu(k+K)| \leqq \frac{M_0 C_{n,0}}{a\,|K/2|^n} \tag{21}$$

a majorant series for this interval which is absolutely convergent and independent of k.

Thus the uniform convergence of the series (16) is proved. As $\tilde{\psi}_\nu(k)$ is a continuous function, the continuity of $\chi_{\nu k}(\varphi)$ with respect to k follows at once. Now let us consider the series

$$\frac{1}{a} \sum_K \frac{\partial}{\partial k} \left(\tilde{\varphi}(k+K)\, \tilde{\psi}_\nu(k+K)\right), \tag{22}$$

which results from (16) by differentiating it term by term. Using the inequalities (6), (18), and (18b) we obtain

$$\frac{1}{a} \left|\frac{\partial}{\partial k} \left(\tilde{\varphi}(k+K)\, \tilde{\psi}_\nu(k+K)\right)\right| \leqq \frac{M_0 C_{n,1} + M_1 C_{n,0}}{a|k+K|^n} + \frac{M_2 C_{n,0}}{a|k+K|^{n-2}}\,. \tag{23}$$

Confining our observations to the first BRILLOUIN zone, i.e. $-\frac{\pi}{a} \leqq k \leqq \frac{\pi}{a}$, we obtain, in addition, for every $K \neq 0$

$$\frac{1}{a} \left|\frac{\partial}{\partial k} \left(\tilde{\varphi}(k+K)\, \tilde{\psi}_\nu(k+K)\right)\right| \leqq \frac{2^n M_0 C_{n,1} + 2^n M_1 C_{n,0}}{a|K|^n} + \frac{2^{n-2} M_2 C_{n,0}}{a|K|^{n-2}}\,. \tag{24}$$

Thus, the series (22) converges uniformly in the interval $-\frac{\pi}{a} \leqq k \leqq \frac{\pi}{a}$, and, because of the periodicity of the expression (22) with respect to k, this holds true for every k on the real axis. Therefore, we obtain

$$\frac{\partial}{\partial k} \chi_{\nu k}(\varphi) = \frac{1}{a} \sum_K \frac{\partial}{\partial k} (\tilde{\varphi}(k+K) \tilde{\psi}_\nu(k+K)) , \tag{25}$$

and the continuity of $\frac{\partial}{\partial k} \chi_{\nu k}(\varphi)$ with respect to k is inferred from the fact that $\frac{\partial}{\partial k} (\tilde{\varphi}(k)\, \tilde{\psi}(k))$ is a continuous function.

Carrying out similar operations as above and using the inequations (6) and (18a–c) one finds the uniform convergence and continuity of

$$\frac{\partial^2}{\partial k^2} \chi_{\nu k}(\varphi) = \frac{1}{a} \sum_K \frac{\partial^2}{\partial k^2} (\tilde{\varphi}(k+K)\, \tilde{\psi}_\nu(k+K)) . \tag{26}$$

We now calculate the Fourier coefficients

$$B_{\nu n}(\varphi) = \frac{a}{2\pi} \int_0^{\frac{2\pi}{a}} \mathrm{d}k\, \mathrm{e}^{-inka} \chi_{\nu k}(\varphi) \tag{27}$$

of the smooth periodic function $\chi_{\nu k}(\varphi)$. Using the uniform convergence of (16), it follows that

$$B_{\nu n}(\varphi) = \frac{1}{2\pi} \sum_K \int_0^{\frac{2\pi}{a}} \mathrm{d}k\, \mathrm{e}^{-ikna} \tilde{\varphi}(k+K)\, \tilde{\psi}_\nu(k+K) = \frac{1}{2\pi} \int_{-\infty}^{+\infty} \mathrm{d}k\, \mathrm{e}^{-inka} \tilde{\varphi}(k)\, \tilde{\psi}_\nu(k) . \tag{28}$$

Since the function $\tilde{\varphi}(k)\, \tilde{\psi}_\nu(k)$ is the Fourier transform of the folding [12] $\int_{-\infty}^{+\infty} \mathrm{d}x\, \varphi(x)\, \psi_\nu(x-z)$, we find that

$$B_{\nu n}(\varphi) = \frac{1}{2\pi} \int_{-\infty}^{+\infty} \mathrm{d}k\, \mathrm{e}^{-inka} \int_{-\infty}^{+\infty} \mathrm{d}z\, \mathrm{e}^{ikz} \int_{-\infty}^{+\infty} \mathrm{d}x\, \varphi(x)\, \psi_\nu(x-z) = \int_{-\infty}^{+\infty} \mathrm{d}x\, \varphi(x)\, \psi_\nu(x-na) .^{3)} \tag{29}$$

Taking into account the relation

$$\psi_{\nu+nFa}(x) = \psi_\nu(x-na) , \tag{30}$$

resulting from equation (10), the properties of $\chi_{\nu k}(\varphi)$ proved above, and equation (29) one recognizes the uniform convergence [16] of the series (14) and of the series

$$\frac{\partial}{\partial k} \psi_{\nu k}(\varphi) = \sum_{n=-\infty}^{+\infty} ina\mathrm{e}^{ikna} \psi_{\nu+nFa}(\varphi) , \tag{31}$$

i.e. in the sense of the tempered distribution concept the $\psi_{\nu k}(x)$ in (12) exist and are smooth functions of k.

4. Formal Series as Bloch-Type Solutions of WAE and its Properties

In the preceding section we have proved the existence and the continuity with respect to k of the tempered distributions $\psi_{\nu k}$.

This continuity of the Bloch-type solutions is the basis for Wannier's concept of closed bands but it cannot be obtained by means of point by point convergence of the formal series' (14). Furthermore, it ensures the existence and continuity with respect to k of $\frac{\partial}{\partial k} \psi_{\nu k}$ in our preceding section.

It can easily be proved that the distributions $\psi_{\nu k}$ are Bloch-type solutions of WAE. As we have pointed out in section 2, each distribution series in S' may be differentiated term by term. Hence, we obtain

$$\left(H + iF \frac{\partial}{\partial k}\right) \psi_{\nu k}(\varphi) = \sum_{n=-\infty}^{+\infty} \left(H + iF \frac{\partial}{\partial k}\right) \mathrm{e}^{ikna} \psi_{\nu+nFa}(\varphi) , \tag{32}$$

---

[3]) Due to the properties holding for $\varphi(x)$ and $\psi_\nu(x)$, the folding

$$\int_{-\infty}^{+\infty} \mathrm{d}x\, \varphi(x)\, \psi_\nu(x-z)$$

defines a regular tempered distribution. From Fourier's theorem being always valid in S' we infer relation (29) to hold true.

where equations (14) and (31) have been used. Obviously, the action of the HAMILTONian H on the regular distributions $\psi_E(\varphi)$ means that

$$H\psi_E(\varphi) = \int_{-\infty}^{+\infty} (H\psi_E(x))\,\varphi(x)\,dx = E\psi_E(\varphi)\,, \tag{33}$$

which is the eigenvalue equation (10), transformed into S'. With the aid of equations (32), (33), and (14) we obtain

$$\left(H + iF\frac{\partial}{\partial k}\right)\psi_{\nu k}(\varphi) = \nu\psi_{\nu k}(\varphi)\,. \tag{34}$$

Thus, the distributions $\psi_{\nu k}(\varphi)$ satisfy a WAE, in which $W_\nu(k)$ is replaced by ν. In order to show the BLOCH-type charakter of $\psi_{\nu k}(\varphi)$ we consider the translation operators T_{na}, the action of which on a usual function $\varphi(x)$ is given by

$$T_{na}\varphi(x) = \varphi(x + na)\,. \tag{35}$$

Then the BLOCH-type character of $\psi_{\nu k}(\varphi)$ follows according to

$$\begin{aligned} T_{na}\psi_{\nu k}(\varphi) &= T_{na}\sum_{n'=-\infty}^{+\infty} e^{ikn'a}\psi_{\nu+n'Fa}(\varphi) \\ &= \sum_{n'=-\infty}^{+\infty} e^{ikn'a}T_{na}\psi_{\nu+n'Fa}(\varphi) \\ &= \sum_{n'=-\infty}^{+\infty} e^{ikn'a}\psi_{\nu+(n'-n)Fa}(\varphi) = e^{ikna}\psi_{\nu k}(\varphi)\,. \end{aligned} \tag{36}$$

The existence of BLOCH-type solutions having been shown, we have to prove also the completeness of this set, which does not follow from the quantum-mechanical axioms. However, in consequence of the quantum-mechanical axioms the HAMILTONian H, which is an observable per def., possesses a complete set of eigensolutions. In our concept this means that the regular distributions $\psi_E(\varphi)$ are complete in S' [4]). First, by equation (14) each BLOCH-type solution is represented in terms of eigendistributions of H. Furthermore, because of the uniform convergence of the series (14), we find the relation

$$\psi_{\nu+nFa}(\varphi) = \frac{a}{2\pi}\int_0^{\frac{2\pi}{a}} dk\, e^{-ikna}\psi_{\nu k}(\varphi)\,, \tag{37}$$

expressing the completeness of the BLOCH-type solutions in S'.

5. Discussion

After having proved the existence and completeness of a set of BLOCH-type solutions of WAE in the distribution concept, we shall discuss once more the problems, mentioned in the introduction, i.e. the HOUSTON-type solution and the closed-band picture, defined by WAE.

Using the BLOCH-type solutions $\psi_{\nu k}(\varphi)$ of WAE, which are defined by equation (14), and employing rule (2) for construction HOUSTON-type solutions we obtain

$$\psi_{\nu k}(\varphi, t) = e^{-\frac{i}{\hbar}\nu t}\psi_{\nu k_t}(\varphi)\,, \tag{38}$$

which is an exact solution of the time-dependent SCHRÖDINGER equation. However, the k-dependence of the exponential factor in equation (2) is removed and one can easily see that the HOUSTON-type solution is formed in the same manner as $\psi_{\nu k}(\varphi)$ is formed from equation (14), namely by replacing $\psi_{\nu+nFa}(\varphi)$ by the corresponding time-dependent solutions $\psi_{\nu+nFa}(\varphi, t)$, i.e.

$$\psi_{\nu k}(\varphi, t) = \sum_{n=-\infty}^{+\infty} e^{ikna}\psi_{\nu+nFa}(\varphi, t)\,, \tag{39}$$

$$\psi_E(\varphi, t) = e^{-\frac{i}{\hbar}Et}\psi_E(\varphi)\,. \tag{40}$$

In order to get an insight into the band picture we have to answer the question: What does the term "Bandindex" in our concept of WAE mean? Generally, all quantum numbers which, together with k, characterize completely any set of BLOCH functions are called "Bandindex". Usually, in solid state physics, the

[4]) Choosing $C_2 = 0$ in expression (11) we have ensured $\psi_E(x)$, a solution of equation (10), to define a regular tempered distribution. If, for instance, we have derivatives of $V(x)$ in all orders, there will be no other solution of (10) than $\psi_E(x)$ in S' [15].

"Bandindex" is believed to be discrete. In the general sense, the variable ν, defined by (13) is seen to be a "Bandindex", which is, however, not discrete.

Our arguments given above show the band picture connected with WAE to be degenerated in a certain manner, because there exist no separated bands and the electrons travel in any band without a change in their energies. It should be noted that the situation is not altered either, if we use the phase-transformed solutions $\bar{\psi}_{\nu k}$ given by (4) instead of $\psi_{\nu k}$.

Until now we have understood the physical content of WAE only with regard to the corresponding HOUSTON-type solution of the time-dependent SCHRÖDINGER equation. The question arises whether we can associate any immediate physical meaning with WAE itself, i.e. whether we can associate a HILBERT-space operator in a definite manner with $iF\frac{\partial}{\partial k}$. Clearly, we have to define $iF\frac{\partial}{\partial k}$ by its action an BLOCH-type solutions of WAE, but there exists an infinite number of sets of BLOCH-type solutions which are generated from solution (14) by means of phase transformation according to (4). We have to select one of them for ensuring the uniqueness. Unfortunately WAE alone has not yielded any arguments for finding the prefered set, which in our opinion has caused much confusion in the interpretation of WAE. The heuristic argument for our choosing solution (14) is that the auxilary energy band structure does not depend on k. In a further paper [17] we shall show that solution (14) has to be selected in order to give a commuting decompensation of H into $H + iF\frac{\partial}{\partial k}$ and $iF\frac{\partial}{\partial k}$.

Appendix

Generally, one can say that the fulfilment of the properties of

$$\tilde{\psi}_E(k) = \int_{-\infty}^{+\infty} e^{-ikx}\psi_E(x)\,dx \tag{A. 1}$$

used in this paper is ensured by sufficiently restrictive conditions for the potential $V(x)$. Due to the continuity of $V(x)$ the function $\psi_E(x)$ shows the asymptotical behaviour of AIRY's function and $\psi_E(x)$ and $\psi'_E(x)$ are smooth functions. The existence and limitation of $\tilde{\psi}_E(k)$ follow from these facts.

Since $\tilde{\psi}_F(k)$ is the solution of the eigenvalue equation

$$\frac{\hbar^2k^2}{2m}\tilde{\psi}_E(k) + \sum_K V_K\tilde{\psi}_F(k-K) - E\tilde{\psi}_E(k) = \frac{F}{i}\frac{\partial}{\partial k}\tilde{\psi}(k)\,, \tag{A. 2}$$

$$V(x) = \sum_K V_K e^{iKx}\,, \tag{A. 3}$$

we see, supposing the series $\sum_K V_K$ to be absolutely convergent, that $\frac{\partial}{\partial k}\tilde{\psi}_E(k)$ exists, is continuous, and diverges as k^2 for $|k| \to \infty$. Therefore, we can write

$$\left|\frac{\partial}{\partial k}\tilde{\psi}_E(k)\right| < M_1 + M_2k^2\,, \tag{A. 4}$$

where M_1 and M_2 are independent of k. The absolute convergence of $\sum_K V_K K^2$ ensures the existence and the continuity of $\frac{\partial^2}{\partial k^2}\tilde{\psi}_E(k)$ and the validity of inequation (18c).

References

1 HOUSTON, W. V., Phys. Rev. **57**, 184 (1940).
2 WANNIER, G. H., Phys. Rev. **100**, 1227 (1955).
3 WANNIER, G. H., Phys. Rev. **101**, 1835 (1956).
4 WANNIER, G. H., Phys. Rev. **11**, 432 (1960).
5 ZAK, I., Phys. Rev. Letters **20**, 1477 (1968).
6 ZAK, I., Phys. Rev. **181**, 1366 (1969).
7 ZAK, I., Phys. Rev. Letters **19**, 1385 (1967).
8 ZAK, I., Phys. Rev. **168**, 686 (1968).
9 WANNIER, G. H., Phys. Rev. **181**, 1364 (1969).
10 ADAMS, E. N., Phys. Rev. **107**, 698 (1957).
11 ADAMS, E. N., J. Chem. Phys. **21**, 2013 (1953).
12 MESSIAH, A., Quantum Mechanics Bd. **1**, S. 462, North-Holland Publishing Comp., Amsterdam 1961.
13 SÜSSMANN, R., Einführung in die Quantenmechanik Bd. **1**, Bibliographisches Inst., Mannheim 1963.
14 GÜTTINGER, W., Fortschr. d. Phys. **83**, 602 (1966).
15 GELFAND, M., SHILOV, G. E., VILENKIN, N. YA., Generalized functions I—IV, New York 1964, Berlin 1963.
16 COURANT, R., Vorlesungen über Differential- und Integralrechnung Bd. 1, S. 374, Springer-Verlag 1930.
17 HENNEBERGER, K., RÖSELER, J., phys. stat. sol. (b) **58**, 575 (1973).

Eingereicht am 24. 5. 1973

Anschrift: Dr. JÖRG RÖSELER, 1272 Neuenhagen bei Berlin, Wolterstr. 14, DDR

ZAMM 54, 311 – 318 (1974)

Q. K. GHORI / M. HUSSAIN

Equations of Motion of Nonholonomic Dynamical Systems in Poincaré-Četaev Variables

Die vorliegende Arbeit behandelt eine Erweiterung der Poincaréschen Bewegungsgleichungen für dynamische Systeme, deren Bewegung nichtlinearen nichtholonomen Zwangsbedingungen vom Četaev-Typ unterworfen ist. Bei der Ableitung der Bewegungsgleichungen werden die Methoden von Chaplygin, Hamel und Appel verwendet, und es wird die Äquivalenz der mit den verschiedenen Methoden gewonnenen Ergebnisse nachgewiesen. Am Beispiel einer auf einem Drehtisch rollenden Kugel werden die verschiedenen Formen der Bewegungsgleichungen vorgeführt.

This paper is concerned with an extension of Poincare's equations of motion for dynamical systems which move with nonlinear nonholonomic constraints of the type of N. G. Četaev. The methods of Chaplygin, Hamel and Appell are employed in deriving the equations of motion and the equivalence of the results obtained by the different methods is established. The different forms of the equations of motion are applied to solve the example of a sphere rolling on a turntable.

В предлагаемой работе рассматривается расширение уравнений движения Пуэнкарэ для динамических систем, движение которых подчинено нелинейным и неголономым принудительным условиям типа Четаева. При выводе уравений движения применяются методы Чаплыгина, Гамеля и Аппеля. Доказывается эквивалентность результатов, полученных разными методами. На примере катящегося на вращающемся столе шара продемонстрированы разные формы уравнений движения.

1. Introduction

Consider a nonholonomic dynamical system whose position at any time t is defined by the POINCARÉ-ČETAEV variables $x_1, x_2, \ldots, x_n$. The system, having l degrees of freedom, is assumed to be moving with $n - m$ holonomic constraints and $m - l$ nonlinear nonholonomic constraints of the type of N. G. ČETAEV [2]. Employing summation convention, the holonomic constraints are expressed by distinct equations of the form

$$A_{\sigma s}(x_1, x_2, \ldots, x_n; t)\, \dot{x}_s + A_\sigma(x_1, x_2, \ldots, x_n; t) = 0 \qquad (\sigma = m+1, \ldots, n; \quad s = 1, 2, \ldots, n)\,, \tag{1}$$

and the nonholonomic constraints by distinct equations of the form

$$F_\alpha(x_1, x_2, \ldots, x_n; \dot{x}_1, \ldots, \dot{x}_n; t) = 0 \qquad (\alpha = l+1, \ldots, m)\,, \tag{2}$$

with the assumption that the possible displacements $\delta x_1, \delta x_2, \ldots, \delta x_n$ satisfy the relations

$$\frac{\partial F_\alpha}{\partial \dot{x}_s}\, \delta x_s = 0 \qquad (\alpha = l+1, \ldots, m; \quad s = 1, 2, \ldots, n)\,. \tag{3}$$

As discussed in [4], let $X_0, X_1, \ldots, X_m$ be the displacement operators of the associated holonomic system obtained by ignoring all constraints of the form (2), so that the commutators satisfy the relations

$$(X_0, X_p) = C_{0pq} X_q\,, \qquad (X_p, X_q) = C_{pqr} X_r \qquad (p, q, r = 1, 2, \ldots, m)\,, \tag{4}$$

where C_{0pq} and C_{pqr} are functions of $x_1, x_2, \ldots, x_n$ and t. Further, let $\eta_1, \eta_2, \ldots, \eta_m$ be the parameters of real displacement and $\omega_1, \omega_2, \ldots, \omega_m$ the parameters of possible displacement for the associated holonomic system then the changes $\mathrm{d}f$ and δf in an arbitrary function $f(x_1, x_2, \ldots, x_n; t)$ in a real and possible displacement of the system are given by

$$\mathrm{d}f = [X_0(f) + \eta_p X_p(f)]\, \mathrm{d}t \qquad (p = 1, 2, \ldots, m)\,, \tag{5}$$

and

$$\delta f = \omega_p X_p(f)\,. \tag{6}$$

In view of (5) and (6), the equations of constraint (2) and (3) assume the form

$$\eta_\alpha = \eta_\alpha(x_1, x_2, \ldots, x_n, \eta_1, \ldots, \eta_l; t) \qquad (\alpha = l+1, \ldots, m)\,, \tag{7}$$

$$\omega_\alpha = c_{\alpha i} \omega_i\,, \qquad \text{where} \qquad c_{\alpha i} = \frac{\partial \eta_\alpha}{\partial \eta_i} \qquad (i = 1, 2, \ldots, l)\,. \tag{8}$$

Eliminating the dependent η's and ω's with the help of (7) and (8), the relations (5) and (6) become

$$\mathrm{d}f = [Y_0(f) + \eta_i Y_i(f)]\, \mathrm{d}t \qquad (i = 1, 2, \ldots, l)\,, \tag{9}$$

$$\delta f = \omega_i Y_i(f) \tag{10}$$

where

$$Y_0 = X_0 + (\eta_\alpha - c_{\alpha i}\eta_i)\, X_\alpha \qquad Y_i = X_i + c_{\alpha i}X_\alpha \qquad (i = 1, 2, \ldots, l;\ \alpha = l+1, \ldots, m)\,. \quad (11)$$

The displacement operators $Y_0, Y_1, \ldots, Y_l$ for the nonholonomic system satisfy the relations

$$\begin{aligned}(Y_0, Y_i) &= K_{0ik}Y_k + K^*_{0i\beta}X_\beta \\ (Y_i, Y_j) &= K_{ijk}Y_k + K^*_{ij\beta}X_\beta\end{aligned} \qquad (i, j, k = 1, 2, \ldots, l;\ \alpha, \beta = l+1, \ldots, m)\,. \quad (12)$$

The coefficients in expressions (12) are given by

$$\begin{aligned}K_{0ik} &= C_{0ik} + c_{\beta i}C_{0\beta k} + (\eta_\alpha - \eta_j c_{\alpha j})\,(C_{\alpha ik} + c_{\beta i}C_{\alpha\beta k})\,, \\ K^*_{0i\beta} &= K_{0i\beta} + Y_0(c_{\beta i}) - Y_i(\eta_\beta - \eta_j c_{\beta j}) - c_{\beta k}K_{0ik}\,, \\ K_{ijk} &= C_{ijk} + c_{\beta j}C_{i\beta k} + c_{\alpha i}(C_{\alpha jk} + c_{\beta j}C_{\alpha\beta k})\,, \\ K^*_{ij\beta} &= K_{ij\beta} + Y_i(c_{\beta j}) - Y_j(c_{\beta i}) - c_{\beta k}K_{ijk}\end{aligned} \qquad (i, j, k = 1, 2, \ldots, l;\ \alpha, \beta = l+1, \ldots, m)\,. \quad (13)$$

Let U be the force function and T the kinetic energy of the system. With the help of relation (9) the cartesian velocity components of the particles constituting the system can be written as functions of $x_1, \ldots, x_n$, $\eta_1, \ldots, \eta_l$ and t. Consequently T can be expressed as a function of $x_1, \ldots, x_n; \eta_1, \ldots, \eta_l$ and t. Denoting this form of T by $\overline{T}$, the equations of motion of the nonholonomic dynamical system as derived directly from the general equation of dynamics with simultaneous allowance for all the imposed constraints are

$$\frac{\mathrm{d}}{\mathrm{d}t}\left(\frac{\partial \overline{T}}{\partial \eta_i}\right) - \frac{\partial \overline{T}}{\partial \eta_k}[K_{0ik} + \eta_j K_{jik}] - \frac{\partial \overline{T}}{\partial \eta_\beta}\left[K^*_{0i\beta} + \eta_j K^*_{ji\beta} + \frac{\partial c_{\beta i}}{\partial \eta_j}\,\eta_j\right] - Y_i(\overline{T} + U) = 0$$

$$(i, j, k = 1, 2, \ldots, l;\ \beta = l+1, \ldots, m)\,. \quad (14)$$

2. Equations of Motion by Chaplygin's Method

Consider a dynamical system consisting of N particles which moves subject to constraints (1) and (2). If the external forces admit a force function U and if u_ν typifies any one of the three rectangular coordinates of a particle of mass m_ν, then for ideal constraints the general equation of dynamics is

$$\left(m_\nu \ddot{u}_\nu - \frac{\partial U}{\partial u_\nu}\right)\delta u_\nu = 0 \qquad (\nu = 1, 2, \ldots, 3N)\,. \quad (15)$$

As shown by K. E. Shurova [7], the equation (15), with the help of (5) and (6), can be written in the form

$$\omega_p\left[\frac{\mathrm{d}}{\mathrm{d}t}\left(\frac{\partial T}{\partial \eta_p}\right) - C_{0pq}\frac{\partial T}{\partial \eta_q} - \eta_q C_{qpr}\frac{\partial T}{\partial \eta_r} - X_p(T + U)\right] = 0 \qquad (p, q, r = 1, 2, \ldots, m)\,, \quad (16)$$

Following the point of view of S. A. Chaplygin [3], we derive the equations of motion of the nonholonomic system by eliminating the dependent ω's from equation (16).

From equations (8) and (16) we obtain

$$\left[\frac{\mathrm{d}}{\mathrm{d}t}\left(\frac{\partial T}{\partial \eta_i}\right) - C_{0iq}\frac{\partial T}{\partial \eta_q} - \eta_q C_{qir}\frac{\partial T}{\partial \eta_r} - X_i(T + U) + c_{\alpha i}\left\{\frac{\mathrm{d}}{\mathrm{d}t}\left(\frac{\partial T}{\partial \eta_\alpha}\right) - C_{0\alpha q}\frac{\partial T}{\partial \eta_q} - \eta_q C_{q\alpha r}\frac{\partial T}{\partial \eta_r} - X_\alpha(T + U)\right\}\right]\omega_i = 0\,.$$

Since all the ω_i's are independent, we have the equations of motion in the form

$$\frac{\mathrm{d}}{\mathrm{d}t}\left(\frac{\partial T}{\partial \eta_i}\right) - C_{0iq}\frac{\partial T}{\partial \eta_q} - \eta_q C_{qir}\frac{\partial T}{\partial \eta_r} - X_i(T+U) + c_{\alpha i}\left[\frac{\mathrm{d}}{\mathrm{d}t}\left(\frac{\partial T}{\partial \eta_\alpha}\right) - C_{0\alpha q}\frac{\partial T}{\partial \eta_q} - \eta_q C_{q\alpha r}\frac{\partial T}{\partial \eta_r} - X_\alpha(T+U)\right] = 0$$

$$(i = 1, 2, \ldots, l;\ \alpha = l+1, \ldots, m;\ q, r = 1, 2, \ldots, m)\,. \quad (17)$$

3. Equations of Motion by Hamel's Method

The formulation of the equations of motion by the method of Hamel [5] consists in using the rule

$$\mathrm{d}\delta f = \delta \mathrm{d}f \quad (18)$$

to transform the equation (15). It is of course to be noted that the presence of nonholonomic constraints is to be taken into consideration after the transformation of the equation (15). This is necessary because for nonholonomic constraints, the rule given by (18) does not, in general, hold [1], though it does hold for holonomic systems [6].

From the relations (5) and (6) it follows that

$$d\delta f = d\omega_p X_p(f) + \omega_p[X_0 X_p(f) + \eta_q X_q X_p(f)]\, dt \qquad (p, q = 1, 2, ..., m),$$

and

$$\delta df = \omega_p X_p X_0(f)\, dt + \delta\eta_p X_p(f)\, dt + \eta_p \omega_q X_q X_p(f)\, dt .$$

As a consequence of (18), we have

$$\delta\eta_p X_p(f) = \frac{d\omega_p}{dt} X_p(f) + \omega_p(X_0, X_p) f + \eta_p \omega_q (X_p, X_q) f .$$

In view of (4), the last relation yields

$$\delta\eta_p X_p(f) = \frac{d\omega_p}{dt} X_p(f) + \omega_p C_{0pq} X_q(f) + \eta_p \omega_q C_{pqr} X_r(f) \qquad (p, q, r = 1, 2, ..., m).$$

Equating on both sides the coefficients of $X_p(f)$, we get

$$\delta\eta_p = \frac{d\omega_p}{dt} + \omega_q C_{0qp} + \eta_q \omega_r C_{qrp} . \tag{19}$$

We now use the rule (18) to transform the equation (15) which can be written in the equivalent form

$$\frac{d}{dt}[m_\nu \dot{u}_\nu \delta u_\nu] - m_\nu \dot{u}_\nu \delta\dot{u}_\nu - \frac{\partial U}{\partial u_\nu}\delta u_\nu = 0 \qquad (\nu = 1, 2, ..., 3N). \tag{20}$$

Putting u_ν for f in (6), we have

$$\delta u_\nu = \omega_p X_p(u_\nu) \qquad (p = 1, 2, ..., m). \tag{21}$$

Substituting for δu_ν from (21), the equation (20) becomes

$$\frac{d}{dt}[\omega_p m_\nu \dot{u}_\nu X_p(u_\nu)] - \delta\left(\frac{1}{2} m_\nu \dot{u}_\nu^2\right) - \delta U = 0 ,$$

which is equivalent to

$$\frac{d}{dt}\left[\omega_p \frac{\partial T}{\partial \eta_p}\right] - \delta(T + U) = 0 . \tag{22}$$

This is the form which the general equation of dynamics assumes in POINCRÉ-ČETAEV variables.

The equation (22) can be written as

$$\frac{d\omega_p}{dt}\frac{\partial T}{\partial \eta_p} + \omega_p \frac{d}{dt}\left(\frac{\partial T}{\partial \eta_p}\right) - \frac{\partial T}{\partial \eta_p}\delta\eta_p - \omega_p X_p(T + U) = 0 ,$$

which, by the help of (19), reduces to

$$\omega_p\left[\frac{d}{dt}\left(\frac{\partial T}{\partial \eta_p}\right) - C_{0pq}\frac{\partial T}{\partial \eta_q} - \eta_q C_{qpr}\frac{\partial T}{\partial \eta_r} - X_p(T + U)\right] = 0 . \tag{23}$$

The equation (23) is the same as the equation (16). From this point the derivation of the equations of motion proceeds as in CHAPLYGIN's method and we again obtain the equations of motion in the form (17).

4. Appell's Equations of Motion

The relations (9) and (10) for $f = u_\nu$ give

$$\dot{u}_\nu = Y_0(u_\nu) + \eta_i Y_i(u_\nu) \qquad (i = 1, 2, ..., l), \tag{24}$$

$$\delta u_\nu = \omega_i Y_i(u_\nu) . \tag{25}$$

The equation (15) in conjunction with (25) gives

$$[m_\nu \ddot{u}_\nu Y_i(u_\nu) - Y_i(U)]\, \omega_i = 0 \qquad (i = 1, 2, ..., l;\ \nu = 1, 2, ..., 3N).$$

Taking into account the independence of $\omega_1, \omega_2, ..., \omega_l$, the last relation leads to the equations

$$m_\nu \ddot{u}_\nu Y_i(u_\nu) = Y_i(U) \qquad (i = 1, 2, ..., l). \tag{26}$$

The equation (24), when differentiated with respect to the time t, yields

$$\ddot{u}_\nu = \dot{\eta}_i Y_i(u_\nu) + \text{terms not containing } \dot{\eta}\text{'s} . \tag{27}$$

Therefore

$$\frac{\partial \ddot{u}_\nu}{\partial \dot{\eta}_i} = Y_i(u_\nu) . \tag{28}$$

In view of (28) the equations (26) become

$$m_\nu \ddot{u}_\nu \frac{\partial \ddot{u}_\nu}{\partial \dot{\eta}_i} = Y_i(U) . \tag{29}$$

Let S be the energy of acceleration of the system defined by

$$S = \tfrac{1}{2} m_\nu \ddot{u}_\nu^2 \qquad (\nu = 1, 2, \ldots, 3N) .$$

By means of equations (27) we may assume $\ddot{u}_\nu$ to be expressed in terms of the independent $\dot{\eta}$'s, so that S becomes a function of $x_1, x_2, \ldots, x_n, \eta_1, \ldots, \eta_l, \dot{\eta}_1, \ldots, \dot{\eta}_l$ and t. Let this form of S be denoted by $\bar{S}$. Then

$$\frac{\partial \bar{S}}{\partial \dot{\eta}_i} = m_\nu \ddot{u}_\nu \frac{\partial \ddot{u}_\nu}{\partial \dot{\eta}_i} .$$

Comparing the last relation with (29), we obtain the equations of motion

$$\frac{\partial \bar{S}}{\partial \dot{\eta}_i} = Y_i(U) \qquad (i = 1, 2, \ldots, l) . \tag{30}$$

These are APPELL's equation of motion in POINCARÉ-ČETAEV variables.

If instead of the function $\bar{S}$ we employ S, we have

$$\frac{\partial \bar{S}}{\partial \dot{\eta}_i} = \frac{\partial S}{\partial \dot{\eta}_i} + \frac{\partial S}{\partial \dot{\eta}_\alpha} \frac{\partial \dot{\eta}_\alpha}{\partial \dot{\eta}_i} . \tag{31}$$

Differentiation of the relations (7) with respect to the time t, yields

$$\dot{\eta}_\alpha = \frac{\partial \eta_\alpha}{\partial \eta_i} \dot{\eta}_i + \text{terms not containing } \dot{\eta}\text{'s} .$$

Consequently

$$\frac{\partial \dot{\eta}_\alpha}{\partial \dot{\eta}_i} = \frac{\partial \eta_\alpha}{\partial \eta_i} = c_{\alpha i} . \tag{32}$$

By means of (31) and (32) we obtain

$$\frac{\partial \bar{S}}{\partial \dot{\eta}_i} = \frac{\partial S}{\partial \dot{\eta}_i} + c_{\alpha i} \frac{\partial S}{\partial \dot{\eta}_\alpha} .$$

In equations (30) we substitute for $\frac{\partial \bar{S}}{\partial \dot{\eta}_i}$ from the last relation and for Y_i from (11). Then we obtain the equations of motion in the symmetric form

$$\frac{\partial S}{\partial \dot{\eta}_i} - X_i(U) + c_{\alpha i}\left[\frac{\partial S}{\partial \dot{\eta}_\alpha} - X_\alpha(U)\right] = 0 \qquad (i = 1, 2, \ldots, l;\ \alpha = l + 1, \ldots, m) . \tag{33}$$

5. Equivalence of the Equations of Motion

By employing different methods we have obtained the equations of motion in different forms. The direct method leads to equations (14), APPELL's method to equations (33) and the methods of CHAPLYGIN and HAMEL give the equations of motion in the form (17). This naturally raises the problem of the equivalence of these different forms of the equations of motion. In the sequel we consider this problem.

Let us consider the equations of motion in the form (17) which can be derived by using the method of CHAPLYGIN or that of HAMEL. We transform these equations to a form which does not contain the dependent parameters of real displacement η_α. To this end, we separate in equations (17) the sums with respect to indices q and r into separate sums from 1 to l and from $l + 1$ to m and then substitute from (7) the expression for the dependent parameters η_α. Thus we obtain

$$\frac{\mathrm{d}}{\mathrm{d}t}\left(\frac{\partial T}{\partial \eta_i}\right) + c_{\beta i} \frac{\mathrm{d}}{\mathrm{d}t}\left(\frac{\partial T}{\partial \eta_\beta}\right) - \frac{\partial T}{\partial \eta_k}\left[C_{0ik} + c_{\beta i} C_{0\beta k} + \eta_\alpha (C_{\alpha ik} + c_{\beta i} C_{\alpha\beta k}) + \eta_j (C_{jik} + c_{\beta i} C_{j\beta k})\right] -$$

$$- \frac{\partial T}{\partial \eta_\beta}\left[C_{0i\beta} + c_{\alpha i} C_{0\alpha\beta} + \eta_\alpha (C_{\alpha i\beta} + c_{\gamma i} C_{\alpha\gamma\beta}) + \eta_j (C_{ji\beta} + c_{\alpha i} C_{j\alpha\beta})\right] - (X_i + c_{\beta i} X_\beta)\,(T + U) = 0$$

$$(i, j, k = 1, 2, \ldots, l;\quad \alpha, \beta, \gamma = l + 1, \ldots, m) . \tag{34}$$

In view of relations (11), the last term on the left hand side of (34) is $Y_i(T+U)$. We now replace each η_α by $\eta_\alpha - n_j c_{\alpha j}$ in (34) and make adjustments to obtain

$$\frac{\mathrm{d}}{\mathrm{d}t}\left(\frac{\partial T}{\partial \eta_i}\right) + c_{\beta i}\frac{\mathrm{d}}{\mathrm{d}t}\left(\frac{\partial T}{\partial \eta_\beta}\right) - \frac{\partial T}{\partial \eta_k}[C_{0ik} + c_{\beta i}C_{0\beta k} + (\eta_\alpha - \eta_j c_{\alpha j})(C_{\alpha ik} + c_{\beta i}C_{\alpha\beta k}) +$$
$$+ \eta_j\{C_{jik} + c_{\beta i}C_{j\beta k} + c_{\alpha j}(C_{\alpha ik} + c_{\beta i}C_{\alpha\beta k})\}] -$$
$$- \frac{\partial T}{\partial \eta_\beta}[C_{0i\beta} + c_{\alpha i}C_{0\alpha\beta} + (\eta_\alpha - \eta_j c_{\alpha j})(C_{\alpha i\beta} + c_{\gamma i}C_{\alpha\gamma\beta}) +$$
$$+ \eta_j\{C_{ji\beta} + c_{\alpha i}C_{j\alpha\beta} + c_{\alpha j}(C_{\alpha i\beta} + c_{\gamma i}C_{\alpha\gamma\beta})\}] - Y_i(T+U) = 0\,.$$

By virtue of the relations (13), the last equations become

$$\frac{\mathrm{d}}{\mathrm{d}t}\left(\frac{\partial T}{\partial \eta_i}\right) + c_{\beta i}\frac{\mathrm{d}}{\mathrm{d}t}\left(\frac{\partial T}{\partial \eta_\beta}\right) - \frac{\partial T}{\partial \eta_k}[K_{0ik} + \eta_j K_{jik}] - \frac{\partial T}{\partial \eta_\beta}[K_{0i\beta} + \eta_j K_{ji\beta}] - Y_i(T+U) = 0\,. \tag{35}$$

By differentiating

$$T(x_1, \dots, x_n;\ \eta_1, \dots, \eta_m;\ t) \equiv \overline{T}(x_1, \dots, x_n;\ \eta_1, \dots, \eta_l;\ t)\,,$$

and using (32), we get the relations

$$\begin{aligned}
&\frac{\mathrm{d}}{\mathrm{d}t}\frac{\partial \overline{T}}{\partial \eta_i} = \frac{\mathrm{d}}{\mathrm{d}t}\left(\frac{\partial T}{\partial \eta_i}\right) + c_{\beta i}\frac{\mathrm{d}}{\mathrm{d}t}\left(\frac{\partial T}{\partial \eta_\beta}\right) + \frac{\mathrm{d}}{\mathrm{d}t}(c_{\beta i})\frac{\partial T}{\partial \eta_\beta}\,,\\
&\frac{\partial \overline{T}}{\partial \eta_k} = \frac{\partial T}{\partial \eta_k} + \frac{\partial T}{\partial \eta_\beta}\frac{\partial \eta_\beta}{\partial \eta_k} = \frac{\partial T}{\partial \eta_k} + c_{\beta k}\frac{\partial T}{\partial \eta_\beta}\,,\\
&Y_i(\overline{T}) = Y_i(T) + \frac{\partial T}{\partial \eta_\beta}Y_i(\eta_\beta)\,.
\end{aligned} \tag{36}$$

Since $c_{\beta i}$ are functions of $x_1, x_2, \dots, x_n;\ \eta_1, \dots, \eta_l$ and t, the derivative $\frac{\mathrm{d}}{\mathrm{d}t}(c_{\beta i})$, occurring in the first relation of (36), can be calculated by means of the relation (9). Thus we get

$$\frac{\mathrm{d}}{\mathrm{d}t}(c_{\beta i}) = \frac{\partial c_{\beta i}}{\partial \eta_j}\dot{\eta}_j + Y_0(c_{\beta i}) + \eta_j Y_j(c_{\beta i})\,. \tag{37}$$

Substituting from (36) and (37) in (35), we obtain

$$\frac{\mathrm{d}}{\mathrm{d}t}\left(\frac{\partial \overline{T}}{\partial \eta_i}\right) - \frac{\partial \overline{T}}{\partial \eta_k}[K_{0ik} + \eta_j K_{jik}] - \frac{\partial T}{\partial \eta_\beta}\Big[K_{0i\beta} + \eta_j K_{ji\beta} + \frac{\partial c_{\beta i}}{\partial \eta_j}\dot{\eta}_j +$$
$$+ Y_0(c_{\beta i}) + \eta_j Y_j(c_{\beta i}) - c_{\beta k}K_{0ik} - \eta_j c_{\beta k}K_{jik} - Y_i(\eta_\beta)\Big] - Y_i(\overline{T}+U) = 0\,,$$

which are equivalent to

$$\frac{\mathrm{d}}{\mathrm{d}t}\left(\frac{\partial \overline{T}}{\partial \eta_i}\right) - \frac{\partial \overline{T}}{\partial \eta_k}[K_{0ik} + \eta_j K_{jik}] - \frac{\partial T}{\partial \eta_\beta}\Big[K_{0i\beta} - c_{\beta k}K_{0ik} + Y_0(c_{\beta i}) -$$
$$- Y_i(\eta_\beta - \eta_j c_{\beta j}) + \eta_j\{K_{ji\beta} - c_{\beta k}K_{jik} + Y_j(c_{\beta i}) - Y_i(c_{\beta j})\} + \dot{\eta}_j\frac{\partial c_{\beta i}}{\partial \eta_j}\Big] - Y_i(\overline{T}+U) = 0\,.$$

Using the relations (13) in the last equations, we finally obtain the equations of motion of the system in the form

$$\frac{\mathrm{d}}{\mathrm{d}t}\left(\frac{\partial \overline{T}}{\partial \eta_i}\right) - \frac{\partial \overline{T}}{\partial \eta_k}[K_{0ik} + \eta_j K_{jik}] - \frac{\partial T}{\partial \eta_\beta}\Big[K^*_{0i\beta} + \eta_j K^*_{ji\beta} + \dot{\eta}_j\frac{\partial c_{\beta i}}{\partial \eta_j}\Big] - Y_i(\overline{T}+U) = 0$$
$$(i, j, k = 1, 2, \dots, l;\quad \beta = l+1, \dots, m)\,,$$

which are the equations (14) obtained by the direct method.

This establishes the equivalence of the equations of motion obtained by the direct method and by the methods of CHAPLYGIN and HAMEL.

We next consider APPELL's equations in the form (33). To prove their equivalence to equations (17) we first establish the identity

$$\frac{\partial S}{\partial \eta_p} = \frac{\mathrm{d}}{\mathrm{d}t}\left(\frac{\partial T}{\partial \eta_p}\right) - C_{0pq}\frac{\partial T}{\partial \eta_q} - \eta_q C_{qpr}\frac{\partial T}{\partial \eta_r} - X_p(T) \qquad (p, q, r = 1, 2, \dots, m)\,. \tag{38}$$

Putting $f = u_\nu$ in (5), we have

$$\dot{u}_\nu = X_0(u_\nu) + \eta_p X_p(u_\nu) \qquad (p = 1, 2, \ldots, m) . \tag{39}$$

Differentiating (39) with respect to the time t, we obtain

$$\ddot{u}_\nu = \dot{\eta}_p X_p(u_\nu) + \text{terms not containing } \dot{\eta}\text{'s} .$$

Consequently

$$\frac{\partial \dot{u}_\nu}{\partial \eta_p} = \frac{\partial \ddot{u}_\nu}{\partial \dot{\eta}_p} = X_p(u_\nu) .$$

By virtue of the last relation we have

$$\frac{\partial S}{\partial \dot{\eta}_p} = m_\nu \ddot{u}_\nu \frac{\partial \ddot{u}_\nu}{\partial \dot{\eta}_p} = \frac{\mathrm{d}}{\mathrm{d}t}\left(m_\nu \dot{u}_\nu \frac{\partial \dot{u}_\nu}{\partial \eta_p}\right) - m_\nu \dot{u}_\nu \frac{\mathrm{d}}{\mathrm{d}t}[X_p(u_\nu)] ,$$

which, with the help of (4), (5) and (39), is equivalent to

$$\frac{\partial S}{\partial \dot{\eta}_p} = \frac{\mathrm{d}}{\mathrm{d}t}\left[m_\nu \dot{u}_\nu \frac{\partial \dot{u}_\nu}{\partial \eta_p}\right] - m_\nu \dot{u}_\nu \left[X_p(\dot{u}_\nu) + C_{0pq} \frac{\partial \dot{u}_\nu}{\partial \eta_q} + \eta_q C_{qpr} \frac{\partial u_\nu}{\partial \eta_r}\right] .$$

The last result when expressed in terms of T leads to the identity (38).

Substitution from the identity (38) into (33) immediately leads to the equations (17).

This establishes the equivalence of APPELL's equations to the equations obtained by the methods of CHAPLYGIN and HAMEL.

Thus the proof of the equivalence of the various forms of the equations of motion is complete.

6. An Example

Let a sphere of mass M and radius a roll on a rough horizontal plane which turns about a fixed point O of itself with prescribed angular velocity Ω. The rotation is not necessarily uniform, Ω being a prescribed function of t of class C_1. The sphere is a uniform solid sphere, or a uniform spherical shell, or any sphere whose centre of gravity G is at its centre and whose ellipsoid of inertia at G is a sphere. We use axes $OXYZ$ in fixed directions, with O as origin and OZ normal to the plane. The parameters defining the position of the sphere are $x, y, \theta, \psi, \varphi$ where x, y, are the coordinates of G and θ, ψ, φ the EULERian angles specifying the orientation of the sphere about G. Let p, q, r be the components of the angular velocity of the sphere about axes through G and parallel to the fixed axes. The components of the velocity of P, the point of contact of the sphere with the plane, are $\dot{x} - aq$ and $\dot{y} + ap$ when regarded as a point of the sphere and $-\Omega y$, Ωx when regarded as a point of the plane. Therefore the rolling condition gives

$$(\dot{x} - aq)^2 + (\dot{y} + ap)^2 = \Omega^2(x^2 + y^2) , \qquad \frac{\dot{y} + ap}{\dot{x} - aq} = \frac{-x}{y} . \tag{40}$$

These are the equations of constraint of which the first is nonlinear in the velocities.

Let us choose $x, y, \theta, \psi, \varphi$ as the POINCARÉ-ČETAEV variables and $\dot{x}, \dot{y}, r, p, q$ as the parameters of real displacement of the associated holonomic system. Then

$$\eta_1 = \dot{x} , \quad \eta_2 = \dot{y} , \quad \eta_3 = r = \dot{\psi} \cos \dot{\theta} + \dot{\varphi} , \quad \eta_4 = p = \dot{\theta} \cos \varphi + \dot{\psi} \sin \theta \sin \varphi ,$$

$$\eta_5 = q = - \dot{\theta} \sin \varphi + \dot{\psi} \sin \theta \cos \varphi .$$

In terms of η's the equations of constraint (40) become

$$(\eta_1 - a\eta_5)^2 + (\eta_2 + a\eta_4)^2 = \Omega^2(x^2 + y^2) , \qquad \frac{\eta_2 + a\eta_4}{\eta_1 - a\eta_5} = \frac{-x}{y}$$

which are equivalent to the equations

$$\eta_4 = \frac{\Omega x - \eta_2}{a} , \qquad \eta_5 = \frac{\Omega y + \eta_1}{a} . \tag{41}$$

Also

$$\dot{\eta}_4 = \frac{\Omega \eta_1 + \dot{\Omega} x - \dot{\eta}_2}{a} , \qquad \dot{\eta}_5 = \frac{\Omega \eta_2 + \dot{\Omega} y + \dot{\eta}_1}{a} . \tag{42}$$

The displacement operators of the associated holonomic system are given by

$$X_0 = \frac{\partial}{\partial t}, \qquad X_1 = \frac{\partial}{\partial x}, \qquad X_2 = \frac{\partial}{\partial y}, \qquad X_3 = \frac{\partial}{\partial \varphi},$$

$$X_4 = \cos\varphi \frac{\partial}{\partial \theta} + \operatorname{cosec}\theta \sin\varphi \frac{\partial}{\partial \psi} - \sin\varphi \cot\theta \frac{\partial}{\partial \varphi},$$

$$X_5 = -\sin\varphi \frac{\partial}{\partial \theta} + \operatorname{cosec}\theta \cos\varphi \frac{\partial}{\partial \psi} - \cos\varphi \cot\theta \frac{\partial}{\partial \varphi}.$$

The commutators of these operators with the exception of

$$(X_3, X_4) = X_5, \qquad (X_3, X_5) = -X_4, \qquad (X_4, X_5) = X_3,$$

are all equal to zero. Hence the nonvanishing C's are

$$C_{345} = C_{534} = C_{453} = -C_{435} = -C_{354} = -C_{543} = 1.$$

Using (41) we obtain

$$c_{41} = 0, \qquad c_{42} = -\frac{1}{a}, \qquad c_{43} = 0, \qquad c_{51} = \frac{1}{a}, \qquad c_{52} = 0, \qquad c_{53} = 0.$$

If A is the moment of inertia of the sphere about a diameter, the kinetic energy T of the sphere is

$$T = \tfrac{1}{2} M(\eta_1^2 + \eta_2^2) + \tfrac{1}{2} A(\eta_3^2 + \eta_4^2 + \eta_5^2).$$

We find that

$$X_1(T) = X_2(T) = X_3(T) = X_4(T) = X_5(T) = 0.$$

Let the external forces acting on the sphere be equivalent to a force (X, Y, Z) through the centre of the sphere and a couple (P, Q, R). Defining $Y_1(U)$, $Y_2(U)$ and $Y_3(U)$ according to relations (11), we have

$$\delta U = \omega_1 Y_1(U) + \omega_2 Y_2(U) + \omega_3 Y_3(U). \tag{43}$$

But

$$\delta U = \omega_1 X_1(U) + \omega_2 X_2(U) + \omega_3 X_3(U) + \omega_4 X_4(U) + \omega_5 X_5(U),$$

from which ω_4 and ω_5 can be eliminated by means of the relations

$$\omega_4 = -\frac{\omega_2}{a}, \qquad \omega_5 - \frac{\omega_1}{a}$$

which are obtained from (42). Thus

$$\delta U = \omega_1\left(X + \frac{Q}{a}\right) + \omega_2\left(Y - \frac{P}{a}\right) + \omega_3 R. \tag{44}$$

Comparing (43) and (44), we obtain

$$Y_1(U) = X + \frac{Q}{a}, \qquad Y_2(U) = Y - \frac{P}{a}, \qquad Y_3(U) = R.$$

Finally the equations of motion (17) give

$$\begin{aligned} &M\dot\eta_1 + \frac{A}{a^2}(\dot\eta_1 + \Omega\eta_2 + \dot\Omega y) = X + \frac{Q}{a}, \\ &M\dot\eta_2 + \frac{A}{a^2}(\dot\eta_2 - \Omega\eta_1 - \dot\Omega x) = Y - \frac{P}{a}, \\ &A\dot\eta_3 = R. \end{aligned} \tag{45}$$

If in place of the kinetic energy we use the energy of acceleration of the sphere, we have

$$S = \tfrac{1}{2} M(\dot\eta_1^2 + \dot\eta_2^2) + \tfrac{1}{2} A(\dot\eta_3^2 + \dot\eta_4^2 + \dot\eta_5^2),$$

which, in view of (42), becomes

$$\overline{S} = \frac{1}{2} M(\dot\eta_1^2 + \dot\eta_2^2) + \frac{1}{2} A\dot\eta_3^2 + \frac{A}{2a^2}(\dot\eta_1 + \Omega\eta_2 + \dot\Omega y)^2 + \frac{A}{2a^2}(\dot\eta_2 - \Omega\eta_1 - \dot\Omega x).$$

Using APPELL's equations in the form (30), we again obtain equations (45).

References

1 Blackall, C. J., On volume integral invariants of nonholonomic dynamical systems, Amer. J. Math. **63**, 155–168 (1941).
2 Četaev, N. G., On Gauss principle, Izv. Fiziko-Mat. obshch. Kazan, Univ. Ser. **3**, 68–71 (1932–33).
3 Chaplygin, S. A., Du mouvement d'un solide de révolution pesant sur un plan fixe (1897) publie' dans le recueil, Recherche sur la dynamique des systems non holonomes, série, Les Classiques des Sciences natureles (Gostekhizdat, 1949).
4 Ghori, Q. K. and Hussain, M., Poincarés Equations for nonholonomic dynamical systems, ZAMM **53**, 391–396 (1973).
5 Hamel, G., Die Lagrange-Eulerschen Gleichungen der Mechanik, Zeitschrift für Mathematik und Physik **50**, 1–57 (1904).
6 Lure, A. I., Analytical Mechanics, Gosudarstv. Izdat. Fiz-Mat. Lit., Moscow (1961).
7 Shurova, K. E., Some properties of Poincaré's equations, Dissertation, Moscow State University (1958).

Eingereicht am 25. 5. 1973

Anschrift: Prof. Dr. Q. K. Ghori, Institute of Mathematics, University of Islamabad, POB 1090, Islamabad, Pakistan

ZAMM 54, 319 – 324 (1974)

D. LEDER

Automatische Schrittweitensteuerung bei global konvergenten Einbettungsmethoden

Meinem verehrten Lehrer, Herrn Professor Dr.-Ing. Dr. h. c. HELMUT HEINRICH gewidmet

Bekannte Einbettungsalgorithmen zur Lösung nichtlinearer Gleichungen haben den Nachteil, daß die Unterteilung des Parameterintervalls entweder heuristisch vorgenommen werden muß oder die Schätzung globaler Konstanten erfordert. Es wird ein Verfahren angegeben, das mit Minimierungsmethoden die Schrittweiten der Parameterfolge und der Folge der iterierten Argumente selbständig steuert.

The wellknown imbedding processes for solving nonlinear equations have the disadvantage that a suitable parameter interval partition must be carried out by heuristics or/needs the estimation of global constants. A procedure is given that controls automatically the steplengths of both the parameter variation and the sequence of the iterated arguments by minimization methods.

Недостаток известных альгорифмов вариации параметра для решения нелинейных уравнений заключается в том, что подразделение интервала параметра следует производить или эвристическим путём или-же для этого необходима оценка глобальных постоянных величин. Приводится способ, который методами минимизации управляет самостоятельно величиной шагов последовательности параметра и последовательности итерируемых аргументов.

1. Einleitung

Die Lösung eines nichtlinearen Gleichungssystems

$$F(x) = 0 \tag{1.1}$$

im n-dimensionalen euklidischen Raum $\mathbb{R}^n$ oder in allgemeinen Räumen ist ein aktuelles Problem. Kennt man Startwerte, die hinreichend nahe an einer einfachen Nullstelle des Operators F liegen, so lösen bekannte, lokal konvergente Iterationsverfahren das Problem [14], [21]. Um globale Konvergenz (schwache Forderungen an die Lage der Startwerte) zu erreichen, wurde von verschiedenen Autoren (LAHAYE [17], ДАВИДЕНКО [4], [5], ЯКОВЛЕВ [12], [13], ANSELONE und MOORE [1], MEYER [20] und anderen) vorgeschlagen, den Operator $F: D \subset \mathbb{R}^n \to \mathbb{R}^n$ in eine einparametrische Operatorenfamilie (Homotopie) $H: D \times \mathbb{R} \to \mathbb{R}^n$ so einzubetten, daß für einen speziellen Parameterwert t_0 die Lösung x^0 des Problems $H(x, t_0) = 0$ bekannt ist, der Parameterwert t_* aber das gegebene Problem $H(x, t_*) = F(x) = 0$ liefert.

Es wurden Algorithmen entwickelt, die ausgehend vom Parameterwert t_0 und dem Startvektor x^0 einander benachbarte Probleme $H(x, t_k) = 0$, $k = 0, 1, \ldots, N$, lösen, um nach endlich vielen Schritten zum Parameterwert $t_N = t_*$ und somit zu einer Näherung für den Lösungsvektor x^* zu gelangen. Die Wahl der Schrittweiten $\tau_k := t_{k+1} - t_k$ in der Intervallunterteilung $t_0 < t_1 < \cdots < t_N = t_*$ erfolgte dabei sowohl heuristisch als auch gemäß hinreichender Bedingungen für lokale Konvergenz bei Schätzung der LIPSCHITZ-Konstanten oder durch die Schrittweiten selbst steuernde Integrationsmethoden [9], [6], [21], [7], [16].

$H(x, t) = 0$ definiere implizit eine reelle, stetige Raumkurve zwischen $u^0 := \begin{bmatrix} x^0 \\ t_0 \end{bmatrix}$ und $u^* := \begin{bmatrix} x^* \\ t_* \end{bmatrix}$, wobei x^* Nullstelle des Operators F sei (Bild 1).

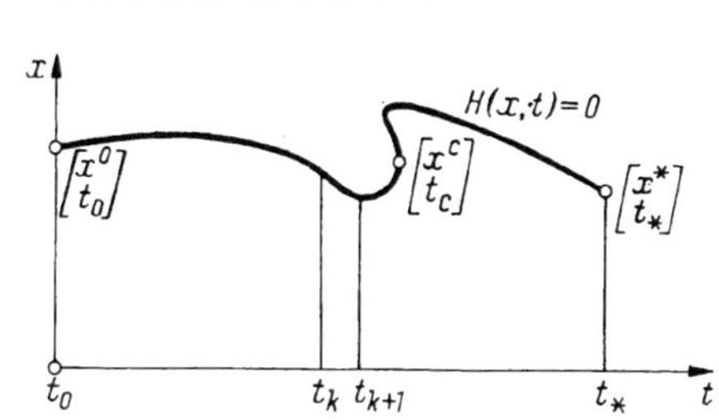

Bild 1. Die Raumkurve $H(x, t) = 0$

Diskrete Algorithmen benutzen die ermittelte Lösung x^k des k-ten Teilproblems $H(x, t_k) = 0$ als Startwert zur Lösung des $(k + 1)$-ten Teilproblems $H(x, t_{k+1}) = 0$. Die Wahl der Schrittweite $\tau_k = t_{k+1} - t_k$ ist von entscheidender Bedeutung. Bei zu großen Schritten τ_k kann der Algorithmus versagen. Wurde eine Teiliteration, die im allgemeinen unendlich viele Schritte erfordert, vorzeitig abgebrochen, so braucht die so erhaltene Näherung für x^k selbst für kleine Schrittweite τ_k nicht im Einzugsbereich der Lösung von $H(x, t_{k+1})$ zu liegen, wenn man ein lokal konvergentes Iterationsverfahren anwendet.

Stetige Algorithmen integrieren die Differentialgleichung

$$\dot{x}(t) = - H_x^{-1}(x, t)\, H_t(x, t)\,,$$

deren Lösung auf dem Intervall $[t_0, t_*]$ als existent und stetig differenzierbar vorausgesetzt wird [4], [10], [15]. Dazu sind genaue Integrationsverfahren und hohe Rechenzeiten erforderlich. Es ist nicht garantiert, daß der Resultatvektor x^N hinreichend nahe bei x^* liegt.

Gemischte Algorithmen benutzen das Ergebnis eines Integrationsschrittes als Predictor und ein lokal konvergentes Iterationsverfahren als Corrector für die Lösung des Problems $H(x, t_{k+1}) = 0$. Die Schrittweitensteuerung erfordert in den letzten beiden Fällen im allgemeinen eine Schätzung der LIPSCHITZ-Konstanten.

In der Umgebung kritischer Punkte $\begin{bmatrix} x^c \\ t_c \end{bmatrix}$, das sind singuläre Punkte der FRÉCHET-Ableitung $H_x(x, t)$, versagen Einbettungsalgorithmen in der Regel. MEYER [20] zeigt einen Ausweg durch Variation der Homotopie, während ANSELONE und MOORE [1] einen Parameterwechsel vorschlagen.

In dieser Arbeit wird eine automatische, nicht notwendig gleichabständige Schrittweitensteuerung für Iterationsverfahren angegeben, die auf dem GOLDSTEINschen Prinzip des hinreichend starken relativen Abstiegs beruht [11].

Der Autor dankt Herrn Dr. SCHWETLICK für wertvolle Hinweise.

2. Rückführung auf ein Minimierungsproblem

Einbettungsalgorithmen verlangen die Lösung der Gleichungen

$$H(x, t) = 0 \qquad \text{und} \qquad t_* - t = 0\,. \tag{2.1}$$

Ohne Einschränkung der Allgemeinheit setzen wir im folgenden $t_0 = 0$ und $t_* = 1$. Dann sind nach der Substitution $u := \begin{bmatrix} x \\ t \end{bmatrix} \in \mathbb{R}^{n+1}$ und der Definition von $T\colon D \times \mathbb{R} \to \mathbb{R}^{n+1}$ durch

$$T(u) := \begin{bmatrix} H(x, t) \\ m(1-t) \end{bmatrix}, \qquad m \neq 0 \text{ fest},$$

die Gleichungen (2.1) mit der Gleichung

$$T(u) = 0 \tag{2.2}$$

im $\mathbb{R}^{n+1}$ äquivalent. Zur Lösung von (2.2) formulieren wir die CAUCHYsche Ersatzaufgabe

$$g(u) := \tfrac{1}{2}\, T^T(u)\, T(u) \to \text{Minimum}\,, \quad u \in D \times \mathbb{R}\,. \tag{2.3}$$

Das Funktional g besitzt ein „Tal", dessen Sohle die durch $H(x, t) = 0$ definierte Raumkurve als Projektion auf die (x, t)-Hyperebene besitzt (Bild 2). Konstruiert man mit $u^0 = \begin{bmatrix} x^0 \\ 0 \end{bmatrix}$ beginnend nach einem Abstiegsalgorithmus eine Folge $\{u^k\}$, so kann man unter gewissen Voraussetzungen erwarten, daß die Punkte u^k der Raumkurve folgend sich dem Lösungspunkt $u^* = \begin{bmatrix} x^* \\ 1 \end{bmatrix}$ nähern.

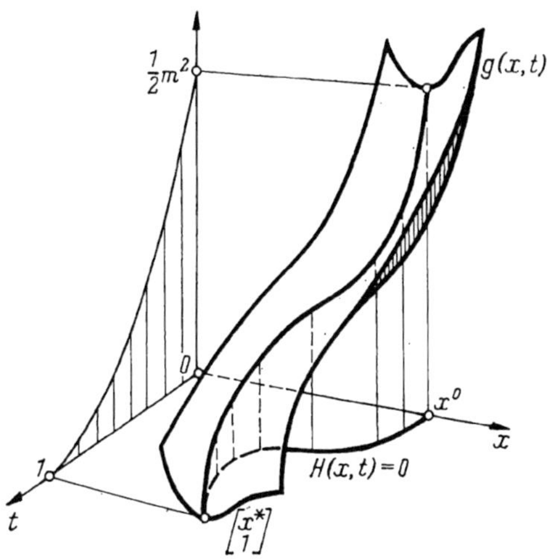

Bild 2. Das Funktional g

3. Abstiegsrichtung

Im Falle der Existenz ist die durch ihre lokalen Konvergenzeigenschaften ausgezeichnete NEWTONrichtung $p(u) = T'(u)^{-1}\, T(u)$ Abstiegsrichtung bezüglich des Funktionals g, das heißt, die Ungleichung $g'(u)\, p(u) > 0$ gilt für $g(u) \neq 0$. Um dem Nutzer des Verfahrens die Bereitstellung von Ableitungsprozeduren zu ersparen, soll die NEWTONsche Iterationsrichtung diskretisiert werden.

Definition 3.1: $P\colon M \subset \mathbb{R}^n \to \mathbb{R}^m$ sei auf der offenen Menge M FRÉCHET-differenzierbar. Falls eine Konstante $c \geqq 0$ und nichtleere Teilmengen $M_0 \subset M$ und $B \subset \mathbb{R}^d$ mit $0 \in \overline{B}$ existieren, so daß für die Abbildung $\delta P\colon M_0 \times B \to L(\mathbb{R}^n, \mathbb{R}^m)$ die Ungleichung $\|P'(u) - \delta P(u, h)\| \leqq c\|h\|$, $\forall u \in M_0$, $\forall h \in B$, gilt, heißt δP *streng konsistente Einschritt-Approximation* für P' auf M_0 mit dem Diskretisierungsbereich B und der Fehlerkonstanten c.

Lemma 3.2:

$T\colon M \subset \mathbb{R}^{n+1} \to \mathbb{R}^{n+1}$ besitze auf der offenen Menge M eine Fréchet-Ableitung, δT sei eine streng konsistente Einschritt-Approximation für T' auf $M_0 \subset M$ mit dem Diskretisierungsbereich $K(0, r) := \{h \in \mathbb{R}^d\colon \|h\| \leqq r\}$ und der Fehlerkonstanten c. Es existiere eine Zahl $\beta > 0$, so daß $\|T'(u)^{-1}\| \leqq \beta$, $\forall u \in M_0$, gilt. Dann genügt, die diskretisierte Newtonrichtung $p(u, h) = \delta T(u, h)^{-1}\, T(u)$ der Ungleichung $g'(u)\, p(u, h) > 0$, $\forall u \in M_0$ mit $T(u) \neq 0$, $\forall h \in K(0, \delta)$ mit $\delta := \min\{r, \eta\}$ und $\eta \in \left(0, \dfrac{1}{2c\beta}\right)$.

Beweis: Das Störungslemma sichert Existenz und Beschränktheit von $\delta T(u, h)^{-1}$:

$$||\delta T(u, h)^{-1}|| \leqq \frac{\beta}{1 - c\beta||h||} < 2\beta$$

$$\begin{aligned} g'(u)\, p(u, h) &= T^T(u)\, T'(u)\, \delta T(u, h)^{-1}\, T(u) \\ &= T^T(u)\, T(u) + T^T(u)\, [T'(u) - \delta T(u, h)]\, \delta T(u, h)^{-1}\, T(u) \\ &\geqq 2g(u) \left(1 - \frac{c\beta||h||}{1 - c\beta||h||}\right) \geqq 2g(u) \left(1 - \frac{c\beta\delta}{1 - c\beta\delta}\right) > 0 \end{aligned}$$

bei Verwendung der euklidischen Norm.

In der Iterationsvorschrift

$$u^{k+1} := u^k - \gamma_k p(u^k, h^k)\,, \qquad k = 0, 1, \ldots, \tag{3.1}$$

mit $u^0 \in D \times \mathbb{R}$ als Startvektor und einer Abstiegsrichtung $p(u^k, h^k) \in \mathbb{R}^{n+1}$ ist der Schrittweitenparameter γ_k so zu bestimmen, daß eine Reduktion der Werte des Funktionals g in jedem Schritt zu verzeichnen ist:

$$g(u^{k+1}) \leqq g(u^k)\,. \tag{3.2}$$

Um Konvergenzaussagen zu erhalten, wird an die Folge $\{g(u^k)\}$ eine schärfere Abstiegsbedingung als (3.2) gestellt. Der Schrittweitenalgorithmus nach GOLDSTEIN/ARMIJO sichert beispielsweise hinreichend starke relative Abnahme der Funktionalwerte [21].

4. Ein Einbettungsalgorithmus

Zur Lösung der Aufgabe (2.3) mittels Iteration (3.1) hat die NEWTONrichtung folgende Gestalt:

$$T'(u)^{-1}\, T(u) = \begin{bmatrix} H_x(x, t)^{-1}\, [H(x, t) + (1 - t)\, H_t(x, t)] \\ t - 1 \end{bmatrix}.$$

Mit streng konsistenten Einschritt-Approximationen

$$\delta_x H\colon M_0 \times K(0, r) \to L(\mathbb{R}^n) \qquad \text{und} \qquad \delta_t H\colon M_0 \times K(0, r) \to L(\mathbb{R}, \mathbb{R}^n)$$

für die auftretenden Ableitungen H_x bzw. H_t auf $M_0 \subset D \times \mathbb{R}$ wird eine ebenfalls streng konsistente Einschritt-Approximation $\delta T\colon M_0 \times K(0, r) \to L(\mathbb{R}^{n+1})$ für T' durch

$$\delta T(u, h) = \begin{bmatrix} \delta_x H(x, t, h) & \delta_t H(x, t, h) \\ 0^T & -m \end{bmatrix}$$

dargestellt.

Daraus resultiert die diskretisierte NEWTONrichtung

$$p(u, h) = \delta T(u, h)^{-1}\, T(u) = \begin{bmatrix} \delta_x H(x, t, h)^{-1}\, [H(x, t) + (1 - t)\, \delta_t H(x, t, h)] \\ t - 1 \end{bmatrix},$$

womit der Iterationsvorschrift (3.1) entsprechend folgender Algorithmus aufgebaut wird:

Algorithmus 4.1:

Schritt 0: *Wähle* $m \neq 0$; $x^0 \in D$; $h^0 \in \mathbb{R}^d$; $\mu \in (0, \frac{1}{2})$; $\alpha \in (0, 1)$; $\sigma > 0$; $q_0 \in \{0, 1, 2, \ldots\}$ *und* $l, q \in \{1, 2, 3, \ldots\}$! *Setze* $t_0 := 0$; $k := 0$!

Schritt 1: *Falls* $F(x^k) = 0$, *setze* $j_k := 0$; $x^{k+1} := x^k$; $t_{k+1} := 1$; $k := k + 1$ *und gehe zu Schritt* 1!

Schritt 2: *Löse bezüglich* $z^k \in \mathbb{R}^n$ *das lineare Gleichungssystem*

$$\delta_x H(x^k, t_k, h^k)\, z^k = H(x^k, t_k) + (1 - t_k)\, \delta_t H(x^k, t_k, h^k)!$$

Ist dieses System nicht lösbar, gehe zu Schritt 5! *Setze* $\tau_k := t_k - 1$!

Schritt 3: *Suche den kleinsten Index* $j_k \in \{q_k, q_k + 1, \ldots, q_k + q\}$, *für den die Ungleichung*

$$(1 - 2\mu\alpha^{j_k})\, (||H(x^k, t_k)||^2 + m^2\tau_k^2) \geqq ||H(x^k - \alpha^{j_k} z^k, t_k - \alpha^{j_k}\tau_k)||^2 + m^2(1 - \alpha^{j_k})^2\, \tau_k^2$$

und die Inklusion

$$x^k - \alpha^{j_k} z^k \in D$$

erfüllt sind. Existiert ein solches j_k *nicht, so setze* $q_k := q_k + q + 1$ *und gehe zu Schritt* 5!

Schritt 4: *Setze* $x^{k+1} := x^k - \alpha^{j_k} z^k$; $t_{k+1} := t_k - \alpha^{j_k}\tau_k$! *Wähle* $h^{k+1} \in \mathbb{R}^d$ *so, daß*

$$||h^{k+1}||^2 \leqq \min\{||h^k||^2,\ \alpha^{j_k}\sigma(||H(x^k, t_k)||^2 + m^2\tau_k^2)\}!$$

Setze $q_{k+1} := \max\{j_k - l, 0\}$; $k := k + 1$ *und gehe zu Schritt* 1!

Schritt 5: *Setze* $h := h^k$; *Wähle* h^k *so, daß* $||h^k|| \leqq \alpha||h||$! *Gehe zu Schritt* 2!

Satz 4.3: *$D \subset \mathbb{R}^n$ sei offen, $x^0 \in D$. $L_0 := \left\{\begin{bmatrix} x \\ t \end{bmatrix} \in D \times \mathbb{R}: g(x, t) \leqq g(x^0, 0)\right\}$ sei kompakt. $H: D \times \mathbb{R} \to \mathbb{R}^n$ besitze auf einer L_0 umfassenden offenen Menge eine stetige zweite Fréchet-Ableitung. Für alle $\begin{bmatrix} x \\ t \end{bmatrix} \in L_0$ existiere $H_x(x, t)^{-1}$ und $\delta_x H$ und $\delta_t H$ seien streng konsistente Einschritt-Approximationen für H_x bzw. H_t auf L_0. Dann ist der Algorithmus 4.1 unbeschränkt durchführbar und liefert eine Folge $\{x^k\}_{k=0}^{\infty}$, die gegen eine Nullstelle von F konvergiert. Zudem gibt es einen Index k_0, so daß für $k \geqq k_0$ stets $j_k = 0$ gewählt wird, das heißt, spätestens für $k = k_0$ ist das Ausgangsproblem (1.1) erreicht, und $\{x^k\}$ konvergiert mindestens mit der Ordnung $\varkappa = \frac{1}{2}(1 + \sqrt{5})$.*

Beweis:

Beweis: In [26] zeigt SCHWETLICK Durchführbarkeit und überlineare Konvergenz eines gedämpften Verfahrens vom NEWTON-Typ, das konsistente Mehrschritt-Approximationen für die JACOBI-Matrix verwendet. Der Algorithmus 4.1 zur Lösung der Gleichung (2.2) läßt sich in die Klasse von Algorithmen einordnen, die in [26] mit „Algorithmus 5.1" zur Lösung der Gleichung $F(x) = 0$ bezeichnet wird. Wir beschränken uns hier auf Einschritt-Approximationen. Ersetzt man in Algorithmus 5.1 aus [26] β durch α^l, δ durch μ und N durch $q + 1$, so erfaßt dieser den hier beschriebenen, wenn man berücksichtigt, daß die in [26] benutzte Größe $\hat{\gamma}_k$ hier nicht benötigt wird.[1]) Die Konvergenz der Folge $\{h^k\}_{k=0}^{\infty}$ gegen Null wird in Schritt 4 bzw. Schritt 5 erzwungen[2]). Die Voraussetzungen des Satzes 5.2 aus [26] sind nun offenbar erfüllt, denn $T'(u)$ ist für alle $u \in L_0$ gleichmäßig nichtsingulär:

$$||T'(u)^{-1}|| = \left\| \begin{bmatrix} H_x(x, t)^{-1} & \frac{1}{m} H_x(x, t)^{-1} H_t(x, t) \\ 0^T & -\frac{1}{m} \end{bmatrix} \right\|$$

$$\leqq ||H_x(x, t)^{-1}|| \left(1 + \frac{1}{|m|} ||H_t(x, t)||\right) + \frac{1}{|m|}.$$

Wegen der Stetigkeit von H_x^{-1} und H_t und der Kompaktheit von L_0 bleiben $||H_x(x, t)^{-1}||$ und $||H_t(x, t)||$, $\forall \begin{bmatrix} x \\ t \end{bmatrix} \in L_0$, gleichmäßig beschränkt. Hieraus folgt

$$||T'(u)^{-1}|| \leqq M < \infty, \qquad \forall u \in L_0.$$

Die Konvergenzordnung resultiert aus der Gleichung $\varkappa^2 = \varkappa + 1$.[2])

5. Numerische Realisierung und Testergebnisse

Der Algorithmus 4.1 wurde anhand der Homotopie $H(x, t) = tF(x) + (1 - t) A(x - x^0)$, $A \in L(\mathbb{R}^n)$ regulär, getestet. H_x wurde gemäß [24] approximiert. Der reguläre Abbruch erfolgte bei einem Index k, für den

$$g(u^k) \leqq \varepsilon^2 \qquad \text{oder} \qquad ||u^{k+1} - u^k|| \leqq (10^{-3} + ||u^{k+1}||)\, \varepsilon$$

erfüllt wurden. Bei Rechnung mit Maschinenzahlen zwischen 10^{-19} und 10^{19} von zwölfstelliger Mantisse wurde $\varepsilon = 10^{-7}$ gewählt, während die Werte für μ zwischen $2 \cdot 10^{-2}$ und $3 \cdot 10^{-1}$ variierten. Falls die Schrittweite $\gamma_k = \alpha^{j_k}$ eine vorgegebene Schranke $\gamma_{\min}$ unterschritt, wurde mit der letzten Iterierten x^k neu gestartet.[3])

Beispiel 5.1 (ROSENBROCK [22]):

$$F(x) = \begin{bmatrix} 10(x_2 - x_1^2) \\ 1 - x_1 \end{bmatrix}; \qquad x^* = \begin{bmatrix} 1 \\ 1 \end{bmatrix}.$$

x^0	A	Iterationszahl gesamt	gedämpft	Zahl der F-Berechnungen	Funktionalwert der letzten Iterierten
$\begin{bmatrix} -1.2 \\ 1 \end{bmatrix}$	I	8	5	30	0
$\begin{bmatrix} 10 \\ 10 \end{bmatrix}$	$F'(x^0)$	4	1	17	$3_{10} - 16$
$\begin{bmatrix} 200 \\ 200 \end{bmatrix}$	$F'(x^0)$	4	1	17	$2_{10} - 16$

Beispiel 5.2 (BROWN [3]):

$$F(x) = \begin{bmatrix} \frac{1}{2} \sin(x_1 x_2) - \frac{x_2}{4\pi} - \frac{x_1}{2} \\ \left(1 - \frac{1}{4\pi}\right)(e^{2x_1} - e) + \frac{e}{\pi} x_2 - 2e x_1 \end{bmatrix}.$$

x^0	A	Iterationszahl gesamt	gedämpft	x^*	Zahl der F-Berechnungen	Funktionalwert der letzten Iterierten
$\begin{bmatrix} 0.6 \\ 3.0 \end{bmatrix}$	$-I$	7	3	$\begin{bmatrix} 0.29945 \\ 2.83693 \end{bmatrix}$	27	0
$\begin{bmatrix} 0.6 \\ 3.0 \end{bmatrix}$	$F'(x^0)$	4	0	$\begin{bmatrix} 0.5 \\ \pi \end{bmatrix}$	16	0
$\begin{bmatrix} 0 \\ 0 \end{bmatrix}$	I	22	19	$\begin{bmatrix} -0.26060 \\ 0.62253 \end{bmatrix}$	91	$9_{10} - 18$
$\begin{bmatrix} 0 \\ 0 \end{bmatrix}$	$F'(x^0)$	71	68	$\begin{bmatrix} -0.26060 \\ 0.62253 \end{bmatrix}$	290	0

[1]) Bemerkung 5.4 aus [26]
[2]) Bemerkung 5.3 aus [26]
[3]) Vergleiche [20]!

Beispiel 5.3 (BOGGS [2]):

$$F(x) = \begin{bmatrix} x_1^2 - x_2 + 1 \\ x_1 - \cos\left(\frac{\pi}{2} x_2\right) \end{bmatrix}.$$

x^0	A	Iterationszahl gesamt	gedämpft	x^*	Zahl der F-Berechnungen	Funktionalwert der letzten Iterierten
$\begin{bmatrix}1\\0\end{bmatrix}$	I	15	11	$\begin{bmatrix}0\\1\end{bmatrix}$	68	$4_{10} - 18$
$\begin{bmatrix}1\\-1\end{bmatrix}$	I	28	24	$\begin{bmatrix}0\\1\end{bmatrix}$	139	$1_{10} - 18$
$\begin{bmatrix}1\\-1\end{bmatrix}$	$-I$	22	17	$\begin{bmatrix}-1\\2\end{bmatrix}$	106	0

Beispiel 5.4 (FLETCHER; POWELL [8]):

$$F(x) = \sum_{k=1}^{n} a_{ik} \cos x_k + b_{ik} \sin x_k + e_i; \qquad i = 1, \dots, n.$$

Die Koeffizienten a_{ik}, b_{ik} sind Pseudozufallszahlen aus dem Intervall $[-100, 100]$, während die Summanden e_i so bestimmt werden, daß das System eine vorgegebene, ebenfalls zufällig erzeugte Lösung aus $[-\pi, \pi]$ besitzt. Es wurde mit $x^0 = 0$ gestartet. Der Prozentsatz der gelösten Probleme lag zwischen ca. 80% bei Dimension $n = 2$ und ca. 20% bei Dimension $n = 10$.

6. Erweiterung

Bei einer Reihe von Problemen wurde praktisch kein Abstieg mehr gefunden, wenn sich die Iteration einem kritischen Punkt $\begin{bmatrix}x^c\\t_c\end{bmatrix}$ der Kurve $H(x, t) = 0$ näherte. Dem zu begegnen, kann der Operator F im k-ten Iterationsschritt in eine Operatorenfamilie

$$H_k(x, t) = t\, F'(x^k)^T F(x) + (1 - t)(x - x^k), \qquad k = 0, 1, \dots; \ x^0 \in D; \ t_0 = 0, \tag{6.1}$$

eingebettet werden.

Wendet man auf die Gleichung

$$T_k(u) = \begin{bmatrix} H_k(x, t) \\ m_k(1 - t) \end{bmatrix} = 0; \qquad m_k \neq 0; \ k = 0, 1, \dots,$$

beispielsweise einen gedämpften NEWTONschritt an, so erhält man die Iterationsvorschrift:

$$\begin{aligned} &x^0 \in D; \ t_0 := 0; \\ &\left.\begin{aligned} x^{k+1} &:= x^k - \gamma_k [t_k F'(x^k)^T F'(x^k) + (1 - t_k) I]^{-1} F'(x^k)^T F(x^k) \\ t_{k+1} &:= t_k - \gamma_k (t_k - 1) \end{aligned}\right\}, \quad k = 0, 1, \dots, \end{aligned} \tag{6.2}$$

wobei $\gamma_k \in (0, 1]$ nach einem geeigneten Schrittweitenalgorithmus zu bestimmen ist. Die regularisierte GAUSS-NEWTON-Richtung in (6.2) ist für $1 - t_k > 0$ stets erklärt und geht für $t_k = 1$ in die NEWTONrichtung über, falls $F'(x^k)^{-1}$ existiert.

Durch die Folge $\{H_k\}$ von Homotopien (6.1) ist ein Zusammenhang zwischen Einbettungsverfahren und Hybridverfahren gegeben, der weiteren Untersuchungen unterworfen wird.

Regularisierte GAUSS-NEWTON-Verfahren wurden erstmals von LEVENBERG [18], später von MARQUARDT [19], Шаманский [23] und SCHWETLICK [25] untersucht.

Literatur

1 ANSELONE, P. M., MOORE, R. H., An extension of the Newton-Kantorovich method for solving nonlinear equations with an application to elasticity, J. Math. Anal. Appl. **13**, 476–501 (1966).
2 BOGGS, P. T., The solution of nonlinear systems of equations by A-stable integration techniques, SIAM J. Numer. Anal. **8**, 767–785 (1971).
3 BROYDEN, C. G., A new method of solving nonlinear simultaneous equations, Compt. J. **12**, 94–99 (1969).
4 Давиденко, Д., Об одном новом методе численного решения систем нелинейных уравнений, Докл. Акад. наук СССР **88**, 601—602 (1953).
5 Давиденко, Д., О применении метода вариации параметра к построению итерационных формул повышенной точности для опеределения численных решений нелинейных интегральных уравнений, Докл. Акад. наук СССР **162**, 499—502 (1965).
6 DEIST, F., SEFOR, L., Solution of systems of nonlinear equations by parameter variation, Comput. J. **10**, 78–82 (1967).
7 FEILMEYER, M., WACKER, H. J., Zur numerischen Praxis von Einbettungsmethoden, ZAMM **52**, T 200–T 202 (1972).
8 FLETCHER, D., POWELL, M. J. D., A rapidly convergent descent method for minimization, Comput. J. **6**, 163–168 (1963).
9 FREUDENSTEIN, F., ROTH, B., Numerical solution of systems of nonlinear equations, J. Ass. Comput. Mach. **10**, 550–556 (1963).

10 Гаврин, М., Нелинейные функциональные уравнения и непрерывные аналоги итеративных методов, Изв. высш. учеб. завед. мат. **6**, 18—31 (1958).
11 GOLDSTEIN, A. A., Constructive real analysis, Harper and Row, New York 1967.
12 Яковлев, М., К решению систем нелинейных уравнении методом дифференцирования по параметру, Ж. выч. мат. физ. **4**, 146—149 (1964).
13 Яковлев, М., О некоторых методах решения нелинейных уравнений, Труды мат. Стеклов. **84**, 8—40 (1965).
14 KANTOROWITSCH, L. W., AKILOW, G. P., Funktionalanalysis in normierten Räumen (Übersetzung), Akademie-Verlag, Berlin 1964.
15 KLEINMICHEL, H., Stetige Analoga und Iterationsverfahren für nichtlineare Gleichungen in Banachräumen, Math. Nachr. **37**, 313—343 (1968).
16 LAASONEN, P., An imbedding method of iteration with global convergence, Computing **5**, 253—258 (1970).
17 LAHAYE, E., Une méthode de résolution d'une catégorie d'équations transcendantes, Comptes rendus Acad. Sci. Paris **198**, 1840—1842 (1934).
18 LEVENBERG, K., A method for the solution of certain nonlinear problems in least squares, Quart. Appl. Math. **2**, 164—168 (1944).
19 MARQUARDT, D., An algorithm for least squares estimation of nonlinear parameters, SIAM J. Appl. Math. **11**, 431—441 (1963).
20 MEYER, G., On solving nonlinear equations with a one-parameter operator imbedding, SIAM J. Numer. Anal. **5**, 739—752 (1968).
21 ORTEGA, J. M., RHEINBOLDT, W. C., Iterative Solution of nonlinear equations in several variables, Acad. Press, New York and London 1970.
22 ROSENBROCK, H. H., An automatic method for finding the greatest or the least value of a function, Comput. J. **3**, 175—184 (1960).
23 Шаманский, В. Е., Регуляризированный метод Ньютона для решения нелинейных краевых задач, Украйн. мат. ж. **22**, 514—526 (1970), **23**, 138 (1971).
24 SCHMIDT, J. W., Eine Übertragung der Regula falsi auf Gleichungen in Banachräumen, ZAMM **43**, 1—8, 97—110 (1963).
25 SCHWETLICK, H., Zur Konvergenz regularisierter Gauß-Newton-Verfahren, Ж. вычисл. мат. физ., **13**, 1371—1382 (1973).
26 SCHWETLICK, H., Über die Realisierung und Konvergenz von Mehrschrittverfahren zur iterativen Lösung nichtlinearer Gleichungen. ZAMM, im Druck.

Eingereicht am 5. 6. 1973

Anschrift: Dipl.-Math. DIETER LEDER, Sektion Mathematik der Technischen Universität, 8027 Dresden, Zellescher Weg 12—14, DDR

ZAMM 54, 325 – 334 (1974)

G. HABEDANK

Über eine Kombination des Ritzschen Verfahrens mit einem Iterationsverfahren

Für eindimensionale Kontinua, deren Differentialgleichungen sich aus einem Potential ableiten lassen und auf ein „spezielles Eigenwertproblem" führen, werden systematisch Ritz-Ansätze ermittelt. In einem ersten Iterationsschritt werden zulässige Funktionen und darauf aufbauend in einem zweiten Iterationsschritt Vergleichsfunktionen gewonnen.

For 1-dimensional continua the differential equations of which are derivable from a potential function and which lead to a "special eigenvalue problem", Ritz expressions are found out in a systematic manner. In a first iteration step admissible functions and, hence, in a second iteration step comparative functions are found.

Производится систематическое определение формул Ритца для одномерных континуумов, дифференциальные уравнения которых могут быть выведенными из потенциала и которые приводят к „специальной задаче на собственное значение". С помощью первого итерационного шага определяются допускаемые функции. Используя их, получены с помощью второго итерационного шага функции сравнения.

1. Einleitung

Für die Brauchbarkeit des RITZschen Verfahrens ist die Qualität der gewählten Ansatzfunktionen wesentlich. Das klassische RITZsche Verfahren verlangt, daß die Ansatzfunktionen den wesentlichen Randbedingungen genügen; es müssen *zulässige Funktionen* sein. Funktionen, die auch den restlichen Randbedingungen genügen — *Vergleichsfunktionen* — werden bessere Ergebnisse liefern, so daß man mit wenigen Ansatzfunktionen, d. h. mit einem kleineren Rechenaufwand, eine bestimmte Genauigkeit erreichen kann. Wir wollen systematisch zulässige und Vergleichs-Funktionen für eine spezielle Klasse eindimensionaler Kontinua konstruieren.

Als eindimensionale Kontinua bezeichnen wir Gebilde, deren Bewegungen als Funktion nur einer Ortskoordinate (und der Zeit) beschrieben werden können. Die Bewegungsdifferentialgleichungen sollen sich aus einem Potential ableiten lassen. Wir beschränken uns auf stehende Schwingungen, so daß für den Vektor der funktionalen Freiheitsgrade $\tilde{q}(x, t) = q(x)\, e^{i\omega t}$ gilt.

Ein einfaches Beispiel soll zur Erläuterung dienen.

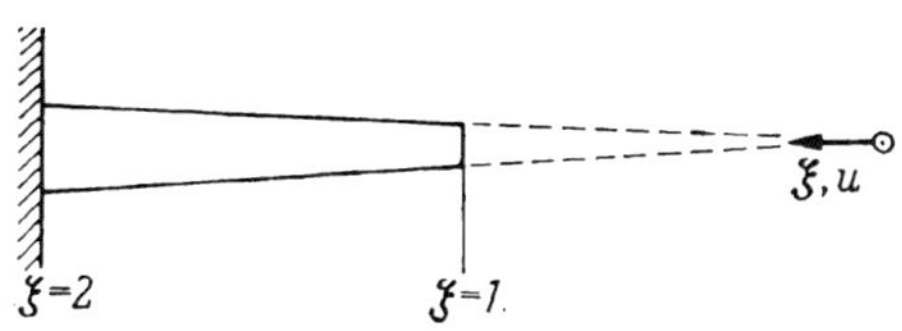

Bild 1. Konischer Stab

Das Gesamtpotential des bei $\xi = 2$ eingespannten und bei $\xi = 1$ freien Stabes (Bild 1) ist

$$U = \frac{1}{2} \int_1^2 c\, \xi^2\, u'^2\, d\xi - \frac{1}{2}\, \omega^2 \int_1^2 m\, \xi^2\, u^2\, d\xi\,, \tag{1.1}$$

worin $c(\xi) = c\, \xi^2$ und $m(\xi) = m\, \xi^2$ Steifigkeit und Masse — beide veränderlich — des Stabes sind. u' ist die Ableitung der Verschiebungsfunktion $u(\xi)$ nach der dimensionslosen Koordinate ξ.

Variation des Potentials ergibt

$$\delta U = \int_1^2 c\, \xi^2\, u'\, \delta u'\, d\xi - \omega^2 \int_1^2 m\, \xi^2\, u\, \delta u\, d\xi\;; \tag{1.2}$$

partielle Integration:

$$\delta U = c\, u'\, \xi^2\, \delta u\, \Big|_1^2 - \int_1^2 \{c\, (u'\, \xi^2)' + \omega^2\, m\, \xi^2\, u\}\, \delta u\, d\xi\,. \tag{1.3}$$

Aus $\delta U = 0$ erhalten wir die Bewegungsgleichung

$$c\, (u'\, \xi^2)' + \omega^2\, m\, \xi^2\, u = 0 \tag{1.4}$$

und die zugehörigen Randbedingungen.

Die Differentialgleichung (1.4) kann man in eine Iterationsvorschrift zur Konstruktion von Ansatzfunktionen umwandeln

$$c(u'_{i+1}\, \xi^2)' = -\, \omega^2\, m\, \xi^2\, u_i\,. \tag{1.5}$$

Beginnend mit der Näherung $u_0 = 0$ erhalten wir aus

$$c(u'_1\, \xi^2)' = 0 \tag{1.6}$$

eine erste Ansatzfunktion

$$u_1 = -\frac{a_0}{\xi} + a_1 . \tag{1.7}$$

Anpassung dieser Funktion an die geometrische Randbedingung

$$u_1(2) = 0$$

ergibt

$$u_1 = a_1\left(1 - \frac{2}{\xi}\right). \tag{1.8}$$

Das variierte Potential wird für die Ansatzfunktion u_1 zu

$$\begin{aligned}\delta U &= \int_1^2 c\,\xi^2\, u_1'\,\delta u_1'\,d\xi - \omega^2 \int_1^2 m\,\xi^2\, u_1\,\delta u_1\,d\xi \\ &= \left(2\,c - \frac{1}{3}\,m\,\omega^2\right) a_1\,\delta a_1 = 0 .\end{aligned} \tag{1.9}$$

(1.9) liefert für die niedrigste Eigenkreisfrequenz die Näherung

$$\omega_1 = \left(6\,\frac{c}{m}\right)^{1/2}. \tag{1.10}$$

Hiermit läßt sich eine neue Ansatzfunktion konstruieren. Wir ermitteln aus

$$c(u_2'\,\xi^2)' = -\,\omega_1^2\, m\,\xi^2\, u_1 \tag{1.11}$$

unter Benutzung von (1.10) die iterierte Funktion

$$u_2 = -\frac{b_0}{\xi} + b_1 - (\xi^2 - 6\,\xi)\,a_1 . \tag{1.12}$$

Die freien Konstanten b_0, b_1 wählen wir so, daß u_2 an den Stellen $\xi = 1$, $\xi = 2$ die gleichen Werte annimmt wie u_1. Wir fordern also

$$\begin{aligned}u_2(1) &= u_1(1) = -\,a_1 , \\ u_2(2) &= u_1(2) = 0 .\end{aligned} \tag{1.13}$$

Damit wird

$$u_2 = \left(\frac{4}{\xi} - 10 + 6\,\xi - \xi^2\right) a_1 , \tag{1.14}$$

und diese Funktion erfüllt alle Randbedingungen

$$u_2(2) = 0 , \qquad c\,u_2'(1) = 0 .$$

Dieses Ergebnis ist nicht zufällig. Um das zu zeigen, multiplizieren wir die Iterationsvorschrift (1.11) mit der variierten Funktion $\delta u_1 = \left(1 - \frac{2}{\xi}\right)\delta a_1$

$$c(u_2'\,\xi^2)'\,\delta u_1 = -\,\omega_1^2\, m\,\xi^2\, u_1\,\delta u_1$$

und setzen dies in (1.3) [für $u = u_1$] ein:

$$\delta U = c\,u_1'\,\xi^2\,\delta u_1\,\big|_1^2 - \int_1^2 \{c(u_1'\,\xi^2)' + \omega_1^2\, m\,\xi^2\, u_1\}\,\delta u_1\,d\xi .$$

Wir erhalten

$$\delta U = c\,u_1'\,\xi^2\,\delta u_1\,\big|_1^2 - \int_1^2 c\,\{(u_1 - u_2)'\,\xi^2\}'\,\delta u_1\,d\xi .$$

Zweimalige partielle Integration ergibt

$$\begin{aligned}\delta U &= c\,u_1'\,\xi^2\,\delta u_1\,\big|_1^2 - c\,(u_1 - u_2)'\,\xi^2\,\delta u_1\,\big|_1^2 + \int_1^2 c\,(u_1' - u_2')\,\xi^2\,\delta u_1'\,d\xi \\ &= c\,u_2'\,\xi^2\,\delta u_1\,\big|_1^2 + c\,(u_1 - u_2)\,\xi^2\,\delta u_1'\,\big|_1^2 - \int_1^2 c\,(u_1 - u_2)\,(\xi^2\,\delta u_1')'\,d\xi .\end{aligned}$$

Der zweite Term fällt weg, weil u_1, u_2 an den Rändern die gleichen Werte annehmen sollen, der dritte wegen der Iterationsvorschrift (1.6); d. h. es bleibt

$$\delta U = c\,u_2'\,\xi^2\,\delta u_2\,\big|_1^2 = 0 : \tag{1.15}$$

die iterierte Funktion u_2 genügt auch der mechanischen Randbedingung.

Wir können nun mit der Funktion u_2 eine neue Näherung für die erste Eigenkreisfrequenz des Stabes berechnen. Das variierte Potential (1.3)

$$\delta U = c\,u_2'\,\xi^2\,\delta u_2\,\big|_1^2 - \int_1^2 \{c(u_2'\,\xi^2)' + \omega^2\, m\,\xi^2\, u_2\}\,\delta u_2\,d\xi \tag{1.16}$$

vereinfacht sich wegen (1.11) und (1.15) zu

$$\delta U = \int_1^2 m\,\xi^2\,(\omega_1^2\, u_1 - \omega^2\, u_2)\,\delta u_2\,d\xi. \tag{1.17}$$

Die neue Näherung für ω ist

$$\omega = \left(\frac{294}{71}\frac{c}{m}\right)^{1/2}. \tag{1.18}$$

In Tabelle 1 werden die beiden Ergebnisse (1.18), (1.10) mit dem exakten Ergebnis verglichen.

Tabelle 1: Vergleich der Ergebnisse

	zulässige Funktion	Vergleichs-funktion	Exakt
$\lambda = \omega\left(\frac{m}{c}\right)^{1/2}$	2.449	2.035	2.029
$\frac{\lambda}{\lambda_{\text{exakt}}} - 1$	0.207	0.003	–

Daß wir mit einer Vergleichsfunktion, die nur einen Ritzparameter enthält, ein so genaues Ergebnis erhalten, läßt hoffen, daß das Verfahren auch bei anderen Problemen vorteilhaft sein wird.

2. Potential und Differentialgleichungen für eine spezielle Klasse eindimensionaler Kontinua

Es sei das Potential

$$U = \frac{1}{2}\int_0^L q^{(i)}\, c_{ij}\, q^{(j)}\, d\xi - \frac{1}{2}\omega^2 \int_0^L q\, m\, q\, d\xi \tag{2.1}$$

vorgegeben.

Darin ist ξ die dimensionslose Ortskoordinate, L die dimensionslose Länge des eindimensionalen Kontinuums, q der Vektor der n funktionalen Freiheitsgrade und $q^{(i)}$ die i-te Ableitung von q nach der Koordinate ξ. Die Matrizen[1]) c_{ij}, m sind quadratische Matrizen der Ordnung n; mit $c_{ij} = c_{ji}^T$ und $m = m^T$. Die Elemente der Matrizen werden im allgemeinen Funktionen von ξ sein. Wir vereinbaren, daß über unten und oben doppelt vorkommende Indices summiert wird, wobei die Indices die Werte

$$i, j = 0, 1, \ldots, \alpha \tag{2.2}$$

annehmen sollen.

In (2.1) haben wir in den quadratischen Formen das Transpositionszeichen weggelassen

$$q^{(i)T}\, a_{ij}\, q^{(j)} \equiv q^{(i)}\, a_{ij}\, q^{(j)},$$

da diese Schreibweise zu keinem Mißverständnis führt.

Für das Potential eines Timoshenko-Balkens, Bild 2, gilt z. B. das Folgende:

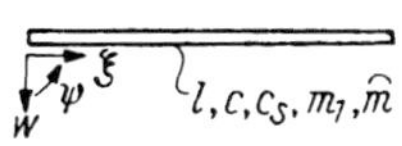

l Länge
EI Biegesteifigkeit;
GA_s Schubsteifigkeit;
μ Masse/Längeneinheit;
$\hat{\mu}$ Drehmasse/Längeneinheit;

$c = E\,I\,l^{-3}$ Biegefedersteifigkeit
$c_s = G\,A_s\,l^{-1}$ Schubfedersteifigkeit
$m_1 = \mu\,l$ Masse
$\hat{m} = \hat{\mu}\,l^{-1}$ Drehmassenglied

Bild 2. Timoshenkobalken

Der Vektor q der funktionalen Freiheitsgrade ist

$$q = \begin{bmatrix} w \\ \psi l \end{bmatrix}; \tag{2.3}$$

damit wird die Verzerrungsenergie $\frac{1}{2}\int_0^1 \{c(\psi' l)^2 + c_s(w' + \psi l)^2\}\, d\xi$ zu

$$\frac{1}{2}\int_0^1 q^{(i)}\, c_{ij}\, q^{(j)}\, d\xi = \frac{1}{2}\int_0^1 \left\{ q \begin{bmatrix} 0 & 0 \\ 0 & c_s \end{bmatrix} q + q \begin{bmatrix} 0 & 0 \\ c_s & 0 \end{bmatrix} q^{(1)} + q^{(1)} \begin{bmatrix} 0 & c_s \\ 0 & 0 \end{bmatrix} q + q^{(1)} \begin{bmatrix} c_s & 0 \\ 0 & c \end{bmatrix} q^{(1)} \right\} d\xi \tag{2.4}$$

und die kinetische Energie zu

$$\frac{1}{2}\omega^2 \int_0^1 q\, m\, q\, d\xi = \frac{1}{2}\omega^2 \int_0^1 q \begin{bmatrix} m_1 & o \\ o & \hat{m} \end{bmatrix} q\, d\xi. \tag{2.5}$$

---

[1]) c_{ij} ist nicht etwa das Element einer Matrix, sondern die zu den Ableitungsindices i, j gehörige Matrix.

Wenn man es mit einem System, bestehend aus z. B. zwei Timoshenko-Balken zu tun hat, kann man den Vektor der funktionalen Freiheitsgrade erweitern

$$q = \begin{bmatrix} w_1 \\ \psi_1 l_1 \\ w_2 \\ \psi_2 l_2 \end{bmatrix}.$$

Die Schreibweise eignet sich also auch zur Beschreibung von Strukturen mit mehreren Elementen.

Aus dem vorgegebenen Potential berechnen wir jetzt die Differentialgleichungen.

Die Variation des Potentials ergibt

$$\delta U = \int_0^L \delta q^{(i)} c_{ij} q^{(j)} d\xi - \omega^2 \int_0^L \delta q\, m\, q\, d\xi . \tag{2.6}$$

Partielle Integration des ersten Termes liefert

$$\delta U = \delta q^{(i-1)} c_{ij} q^{(j)} |_0^L - \int_0^L \delta q^{(i-1)} \{c_{ij} q^{(j)}\}^{(1)} d\xi - \omega^2 \int_0^L \delta q\, m\, q\, d\xi , \tag{2.7}$$

und diesen Prozeß können wir fortsetzen bis unter dem Integral δq steht.

$$\delta U = \sum_{\nu=1}^{i} (-1)^{\nu+1} \delta q^{(i-\nu)} \{c_{ij} q^{(j)}\}^{(\nu-1)} |_0^L + \int_0^L \delta q\, [(-1)^i \{c_{ij} q^{(j)}\}^{(i)} - \omega^2 m\, q]\, d\xi . \tag{2.8}$$

Wie in der Summenschreibweise üblich, bedeutet die Summe $\sum_{\nu=1}^{i}$ für $i = 1$ nur das eine Glied mit $\nu = 1$, und für $i = 0$ ist die Summe durch die Zahl 0 zu ersetzen. Nach den Regeln der Variationsrechnung folgen aus (2.8) die n Differentialgleichungen[2]) des Problems

$$(-1)^i \{c_{ij} q^{(j)}\}^{(i)} - \omega^2 m\, q = 0 . \tag{2.9}$$

In dem Fall, daß die c_{ij} Matrizen mit konstanten Elementen sind, vereinfacht sich (2.9) zu

$$(-1)^i c_{ij} q^{(j+i)} - \omega^2 m\, q = 0 . \tag{2.10}$$

Für den Timoshenko-Balken ergeben sich z. B. nach (2.10) die Differentialgleichungen zu

$$c_{00}\, q + c_{01}\, q^{(1)} - c_{10}\, q^{(1)} - c_{11}\, q^{(2)} - \omega^2 m\, q = 0 ,$$

was mit den in (2.4) angegebenen Matrizen zu

$$\begin{bmatrix} c_s & 0 \\ 0 & c \end{bmatrix} \begin{bmatrix} w \\ \psi l \end{bmatrix}'' + \begin{bmatrix} 0 & c_s \\ -c_s & 0 \end{bmatrix} \begin{bmatrix} w \\ \psi l \end{bmatrix}' + \begin{bmatrix} \omega^2 m_1 & 0 \\ 0 & \omega^2 \widehat{m} - c_s \end{bmatrix} \begin{bmatrix} w \\ \psi l \end{bmatrix} = 0 \tag{2.11}$$

wird. (2.11) sind in der Tat die bekannten Gleichungen

$$Q' + \omega^2 m_1 w = 0 \qquad \text{mit} \qquad Q = c_s (w' + \psi l) ,$$

$$M' - Q + \omega^2 \widehat{m}\, \psi l = 0 \qquad \text{mit} \qquad M = c\, \psi' l .$$

3. Konstruktion zulässiger Funktionen

Zur näherungsweisen Lösung des Differentialgleichungssystemes (2.9) mit dem Ritzschen Verfahren suchen wir über die Iterationsvorschrift

$$(-1)^i \{c_{ij} q_{k+1}^{(j)}\}^{(i)} = \omega^2 m\, q_k \tag{3.1}$$

zulässige Funktionen. Wir berechnen aus einer vorgegebenen Näherung q_k eine neue Näherung q_{k+1}. Es liegt nahe, mit der Näherung $q_0 = 0$ zu beginnen:

$$(-1)^i \{c_{ij} q_1^{(j)}\}^{(i)} = 0 . \tag{3.2}$$

Wir nehmen an, daß sich dieses „Nachbarproblem" zu (2.9) lösen läßt. Das wird sicherlich nicht immer einfach sein, doch lassen sich genügend Beispiele nennen, die eine einfache Lösung des Problems (3.2) gestatten.

Das Nachbarproblem zu den Timoshenko-Differentialgleichungen (2.11) ist

$$c_s (w_1'' + \psi_1' l) = 0 ,$$

$$c\, \psi_1'' l - c_s (w_1' + \psi_1 l) = 0 . \tag{3.3}$$

---

[2]) Einordnen können wir diesen Differentialgleichungstyp in die Klasse der *speziellen Eigenwertprobleme* (siehe dazu [1]).

Dieses Differentialgleichungssystem ist gleichwertig mit

$$\psi_1''' = 0\,,$$
$$w_1' = \frac{c}{c_s}\psi_1'' l - \psi_1 l\,, \tag{3.4}$$

d. h., wir erhalten für ψ_1 ein Polynom vom dritten und für w_1 eines vom vierten Grade.

Die Gleichungen (3.4) wurden schon von UHRIG in [2] zur Konstruktion zulässiger Funktionen benutzt.

Die freien Konstanten der allgemeinen Lösung w_1, ψ_1 können wir so wählen, daß die geometrischen Randbedingungen erfüllt werden. Damit haben wir zulässige Funktionen gewonnen, die als RITZansätze verwendet werden können.

Im folgenden nehmen wir an, daß dies für eine bestimmte Randbedingungskonstellation geschehen sei. Damit ist die Ansatzfunktion q_1 bekannt.

Erste Näherungswerte für die Eigenfrequenzen ω_p und Eigenformen φ_p könnten wir jetzt aus

$$\delta U = \int_0^L \delta q_1^{(i)} c_{ij} q_1^{(j)} d\xi - \omega^2 \int_0^L \delta q_1 m q_1 d\xi = 0 \tag{3.5}$$

berechnen.

4. Konstruktion von Vergleichsfunktionen

Mit der Lösung q_1 und der Iterationsvorschrift (3.1) können wir eine neue Funktion q_2 berechnen

$$(-1)^i \{c_{ij} q_2^{(j)}\}^{(i)} = \omega^2 m q_1\,, \tag{4.1}$$

oder eine speziellere q_{2p}

$$(-1)^i \{c_{ij} q_{2p}^{(j)}\}^{(i)} = \omega_p^2 m q_{1p}\,, \tag{4.2}$$

wobei ω_p^2 ein Eigenwert und q_{1p} die zugehörige Eigenfunktion des Problems (3.5) sein sollen.

Die rechte Seite von (4.1) ist eine bekannte Funktion von ξ, damit ist die Lösung einfach. Das homogene System haben wir schon gelöst. Wir müssen also nur noch eine partikuläre Lösung für die rechte Seite berechnen.

Für den TIMOSHENKO-Balken ist die Iterationsvorschrift (4.1)

$$\begin{aligned} c_s (w_2'' + \psi_2' l) &= -\omega^2 m_1 w_1\,, \\ c \psi_2'' l - c_s (w_2' + \psi_2 l) &= -\omega^2 \widehat{m} \psi_1 l\,, \end{aligned} \tag{4.2'}$$

was auf die einfachere Gestalt

$$\begin{aligned} c \psi_2''' l &= -\omega^2 (m w_1 + \widehat{m} \psi_1' l)\,, \\ c_s w_2' &= c \psi_2'' l - c_s \psi_2 l + \omega^2 \widehat{m} \psi_1 l \end{aligned} \tag{4.3}$$

gebracht werden kann.

Durch geeignete Wahl der freien Konstanten der Funktion q_1 haben wir erreicht, daß diese den geometrischen Randbedingungen genügt. Welche Bedingungen muß q_2 erfüllen, damit sie allen Randbedingungen genügt?

Partielle Integration des ersten Integrales in (3.5) ergibt [siehe auch (2.8)]

$$\delta U = \sum_{\nu=1}^{i} (-1)^{\nu+1} \delta q_1^{(i-\nu)} \{c_{ij} q_1^{(j)}\}^{(\nu-1)} \Big|_0^L + \int_0^L \delta q_1 [(-1)^i \{c_{ij} q_1^{(j)}\}^{(i)} - \omega^2 m q_1] d\xi\,. \tag{4.4}$$

Multiplizieren wir nun die Iterationsvorschrift (4.1) von links mit der Variation des Vektors q_1 und integrieren:

$$\int_0^L (-1)^i \delta q_1 \{c_{ij} q_2^{(j)}\}^{(i)} d\xi = \omega^2 \int_0^L \delta q_1 m q_1 d\xi\,, \tag{4.5}$$

so ergibt Einsetzen in (4.4)

$$\delta U = \sum_{\nu=1}^{i} (-1)^{\nu+1} \delta q_1^{(i-\nu)} \{c_{ij} q_1^{(j)}\}^{(\nu-1)} \Big|_0^L + \int_0^L \delta q_1 (-1)^i \{c_{ij} (q_1 - q_2)^{(j)}\}^{(i)} d\xi\,. \tag{4.6'''}$$

Partielle Integration des zweiten Termes liefert

$$\begin{aligned} \delta U = &\sum_{\nu=1}^{i} (-1)^{\nu+1} \delta q_1^{(i-\nu)} \{c_{ij} q_1^{(j)}\}^{(\nu-1)} \Big|_0^L - \sum_{\nu=1}^{i} (-1)^{\nu+1} \delta q_1^{(i-\nu)} \{c_{ij} q_1^{(j)}\}^{(\nu-1)} \Big|_0^L + \\ &+ \sum_{\nu=1}^{i} (-1)^{\nu+1} \delta q_1^{(i-\nu)} \{c_{ij} q_2^{(j)}\}^{(\nu-1)} \Big|_0^L + \int_0^L \delta q_1^{(i)} c_{ij} \{q_1 - q_2\}^{(j)} d\xi. \end{aligned} \tag{4.6''}$$

Die beiden ersten Summen heben sich weg. Den letzten Term integrieren wir solange partiell, bis unter dem Integral $(q_2 - q_1)$ steht.

$$\delta U = \sum_{\nu=1}^{i} (-1)^{(\nu+1)} \delta q_1^{(i-\nu)} \{c_{ij} q_2^{(j)}\}^{(\nu-1)} |_0^L + \sum_{\nu=1}^{j} (-1)^{(\nu+1)} \{\delta q_1^{(i)} c_{ij}\}^{(\nu-1)} \{q_1 - q_2\}^{(j-\nu)} |_0^L + \\ + \int_0^L (-1)^j \{\delta q_1^{(i)} c_{ij}\}^{(j)} \{q_1 - q_2\} \, d\xi \,. \tag{4.6}$$

Wenn wir den Integranden transponieren und eine Umbenennung vornehmen, wird er zu

$$\int_0^L (-1)^i \{q_1 - q_2\} \{c_{ij} \delta q_1^{(j)}\}^{(i)} \, d\xi \,.$$

Aus (3.2) erkennen wir, daß der Integrand gleich Null ist. Damit bleiben von (4.6) nur die Randterme.

Wir verlangen jetzt, daß q_2 den Forderungen

$$\{q_2 - q_1\}^{(\beta)} |_0^L = 0 \,, \qquad \beta = 0, 1, \ldots, \alpha - 1 \tag{4.7}$$

genügt. Das bedeutet, daß die Lösung q_2 und deren Ableitungen $q^{(1)}, q^{(2)}, \ldots, q^{(\alpha-1)}$ die gleichen Werte an den Rändern wie die Lösung q_1 annehmen. Diese 2α Bedingungen bestimmen die freien Konstanten der Lösung q_2.

Die Bedingungen (4.7) haben zur Folge, daß (4.6) zu

$$\delta U = \sum_{\nu=1}^{i} (-1)^{(\nu+1)} \delta q_2^{(i-\nu)} \{c_{ij} q_2^{(j)}\}^{(\nu-1)} |_0^L \tag{4.8}$$

wird.

Zur Berechnung von (4.8) sind wir von (3.5) ausgegangen und haben die Iterationsvorschrift (4.1) benutzt. Wenn wir in (3.5) für ω, q_1 einen Eigenwert ω_p und die zugehörige Eigenform q_{1p} einsetzen, gilt $\delta U = 0$, und wir kommen dann mit der Iterationsvorschrift (4.2) zu

$$\delta U = \sum_{\nu=1}^{i} (-1)^{(\nu+1)} \delta q_{2p}^{(i-\nu)} \{c_{ij} q_{2p}^{(j)}\}^{(\nu-1)} |_0^L = 0 \,. \tag{4.8'}$$

Daß (4.8') zu Null wird, bedeutet gleichzeitig, daß die iterierte Funktion q_{2p} allen Randbedingungen genügt. Die Variation des Potentials U — mit der iterierten Funktion q_{2p} geschrieben — ist nämlich

$$\delta U = \sum_{\nu=1}^{i} (-1)^{(\nu+1)} \delta q_{2p}^{(i-\nu)} \{c_{ij} q_{2p}^{(j)}\}^{(\nu-1)} |_0^L + \int_0^L \delta q_{2p} [(-1)^i \{c_{ij} q_{2p}^{(j)}\}^{i} - \omega^2 m \, q_{2p}] \, d\xi \,. \tag{4.9}$$

Vergleich mit (4.8') zeigt, daß die Randterme verschwinden. Damit haben wir systematisch zulässige Funktionen und Vergleichsfunktionen ermittelt.

Das Verfahren fassen wir kurz zusammen:

1. Funktionen, die den geometrischen Randbedingungen genügen — zulässige Funktionen — lassen sich durch die Lösung eines „Nachbarproblemes" gewinnen.
2. Mit dem Ritzschen Verfahren können wir erste Näherungswerte für die Eigenfrequenzen und Eigenvektoren berechnen. (Es wird sich zeigen, daß man diese Rechnung nicht explizit durchzuführen braucht.)
3. Durch Iteration gewinnt man aus zulässigen Funktionen neue Ansatzfunktionen — Vergleichsfunktionen — die allen Randbedingungen genügen.

Wir wollen zeigen, wie man mit den gefundenen Ansätzen rechnet.

5. Die Ritzschen Gleichungen für zulässige Ansatzfunktionen

Die unter (3.2) angegebene Iterationsvorschrift lieferte uns die Lösung q_1. Diese Lösung enthält eine gewisse Anzahl freier Parameter, die Ritzparameter. Wir schreiben

$$q_1 = F_1 \, a \,; \tag{5.1}$$

a ist der Vektor, der die r Ritzparameter enthält, F_1 ist eine Matrix der Ordnung $n \times r$, die die zulässigen Ansatzfunktionen enthält.

Einsetzen des Ansatzes (5.1) in (2.6) liefert

$$\delta U = \delta a \left\{ \int_0^L F_1^{(i)T} c_{ij} F_1^{(j)} d\xi - \omega^2 \int_0^L F_1^T m \, F_1 \, d\xi \right\} a \,. \tag{5.2'}$$

Mit den Abkürzungen

$$C = \int_0^L F_1^{(i)T} c_{ij} F_1^{(j)} d\xi \,,$$

$$M = \int_0^L F_1^T m \, F_1 \, d\xi \,,$$

lautet (5.2′)

$$\delta U = \delta a\,(C - \omega^2 M)\,a\,. \tag{5.2}$$

Die Forderung $\delta U = 0$ ergibt das Eigenwertproblem

$$(C - \omega^2 M)\,a = 0\,. \tag{5.3}$$

Die Matrizen C, M sind quadratische, symmetrische Matrizen. M setzen wir im weiteren als positiv definit voraus, was immer zutreffen wird, wenn sie eine Massenmatrix ist.

Zur Lösung des allgemeinen Eigenwertproblems (5.3) gehören die Eigenwerte ω_p^2 und die zugehörigen Eigenvektoren φ_p. Letztere denken wir uns in der Modalmatrix Φ zusammengefaßt

$$\Phi = [\varphi_1\,\varphi_2 \ldots \varphi_r] \tag{5.4}$$

und durch die Forderung

$$\Phi^T M\,\Phi = E \tag{5.5}$$

normiert. Mit diesen Vereinbarungen ist die Diagonalmatrix der Eigenwerte

$$\Lambda = \operatorname{diag}\,[\omega_1^2, \omega_2^2, \ldots, \omega_r^2] = \Phi^T C\,\Phi\,. \tag{5.6}$$

6. Die Ritzschen Gleichungen für Vergleichsfunktionen-Ansätze

Der iterierten Funktion q_2 können wir allgemein die Form

$$q_2 = (F_1 + \omega^2 F)\,a \tag{6.1}$$

geben. Sie setzt sich aus der Funktion $q_1 = F_1\,a$ und der partikulären Lösung $\omega^2 F\,a$ der Iterationsvorschrift (4.1) zusammen.

Eine Vergleichsfunktion ist (6.1) dann, wenn wir für ω^2 einen Eigenwert ω_p^2, für a den zugehörigen Eigenvektor φ_p einsetzen

$$q_{2p} = (F_1 + \omega_p^2 F)\,\varphi_p\,. \tag{6.2}$$

Es stehen r Vergleichsfunktionen q_{2p} zur Verfügung, die wir zur Konstruktion der Ansatzfunktion q_2 benutzen

$$q_2 = \sum_{p=1}^{r} b_p\,(F_1 + \omega_p^2 F)\,\varphi_p\,, \tag{6.3′}$$

oder mit den Matrizen (5.4) und (5.6) auch kürzer geschrieben

$$q_2 = F_1\,\Phi\,b + F\,\Phi\,\Lambda\,b\,. \tag{6.3}$$

b ist der Vektor der Ritzparameter.

In der Formulierung (6.3) erhält man q_2 über die Eigenwerte und Eigenvektoren des Problems (5.3). Daß man diese *nicht* berechnen muß, wollen wir jetzt zeigen.

Für das Eigenwertproblem (5.3) gilt

$$(C - \omega_p^2 M)\,\varphi_p\,b_p = 0\,, \tag{6.4}$$

wobei b_p eine beliebige Konstante ist.

Es gilt sicherlich auch

$$C\,\Phi\,b - M\,\Phi\,\Lambda\,b = 0\,. \tag{6.5}$$

Multiplikation mit M^{-1} liefert

$$M^{-1}\,C\,\Phi\,b - \Phi\,\Lambda\,b = 0\,. \tag{6.6}$$

Das können wir in (6.3) einsetzen:

$$q_2 = F_1\,\Phi\,b + F\,M^{-1}\,C\,\Phi\,b\,; \tag{6.8′}$$

mit der Umbenennung

$$a = \Phi\,b \tag{6.7}$$

erhalten wir schließlich den Ansatz[3])

$$q_2 = (F_1 + F\,M^{-1}\,C)\,a = F_2\,a\,, \tag{6.8}$$

der ohne Kenntnis der Eigenvektoren und Eigenwerte (5.4), (5.6) angegeben werden kann.

Die verbesserten Eigenwerte ω^2 ergeben sich aus der Forderung [s. (2.6)]:

$$\delta U = \int_0^L \delta q_2^{(i)}\,c_{ij}\,q_2^{(j)}\,d\xi - \omega^2 \int_0^L \delta q_2\,m\,q_2\,d\xi$$

[3]) Hier unterscheidet sich unser Verfahren von dem von Cohen, McCallion [3] angegebenen. Sie beschränken ihre Untersuchungen auf den Bernoulli-Balken und berechnen erste Näherungen für ω^2 mit der Ansatzfunktion q_1, um dann später die Ansatzfunktion q_2 zu bekommen.

oder zweckmäßiger [s. (2.8)]

$$\delta U = \sum_{\nu=1}^{i} (-1)^{\nu+1} \, \delta q_2^{(i-\nu)} \, \{c_{ij} \, q_2^{(j)}\}^{(\nu-1)} \Big|_0^L + \int_0^L \delta q_2 \, [(-1)^i \, \{c_{ij} \, q_2^{(j)}\}^{(i)} - \omega^2 \, m \, q_2] \, d\xi \,. \tag{6.9''}$$

q_2 erfüllt alle Randbedingungen, so daß die GALERKINschen Gleichungen übrig bleiben:

$$\delta U = \int_0^L \delta q_2 \, [(-1)^i \, \{c_{ij} \, q_2^{(j)}\}^{(i)} - \omega^2 \, m \, q_2] \, d\xi \,. \tag{6.9'}$$

Außerdem gilt die Iterationsgleichung (4.2)

$$(-1)^i \, \{c_{ij} \, q_{2p}^{(j)}\}^{(i)} = \omega_p^2 \, m \, F_1 \, \varphi_p \,,$$

oder für die Gesamtheit der Ansatzfunktionen

$$(-1)^i \, \{c_{ij} \, q_2^{(j)}\}^{(i)} = m \, F_1 \, \Phi \, \Lambda \, b \,,$$

was mit (6.6), (6.7) zu

$$(-1)^i \, \{c_{ij} \, q_2^{(j)}\}^{(i)} = m \, F_1 \, M^{-1} \, C \, a \tag{6.10}$$

wird.

Mit (6.10) wird aus (6.9′)

$$\delta U = \int_0^L \delta q_2 \, [m \, F_1 \, M^{-1} \, C \, a - \omega^2 \, m \, q_2] \, d\xi \,. \tag{6.9}$$

Einsetzen von (6.8) ergibt schließlich

$$\delta U = \delta a \int_0^L F_2^T \, m \, (F_1 \, M^{-1} \, C - \omega^2 \, F_2) \, d\xi \, a \,. \tag{6.11}$$

7. Ein Beispiel

Anhand eines einfachen Beispiels, dessen exakte Lösung bekannt ist, soll das RITZsche Verfahren mit Vergleichsfunktionen erprobt werden.

Wir fragen nach den beiden niedrigsten Eigenfrequenzen eines beiderseits gelenkig gestützten, schubnachgiebigen Balkens (siehe Bild 3).

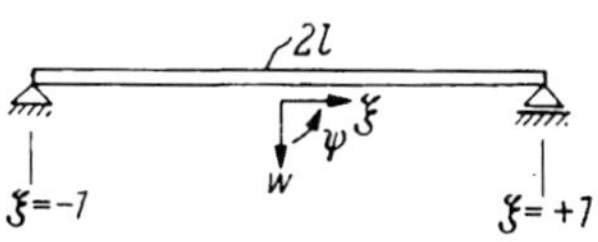

Bild 3. Schubnachgiebiger Balken

Die Differentialgleichungen, die uns schon mehrfach begegnet sind, haben die Gestalt

$$\begin{aligned} c_s \, (w'' + \psi' l) + \omega^2 \, m_1 \, w &= 0 \,, \\ c \, \psi'' l - c_s \, (w' + \psi l) + \omega^2 \, \widehat{m} \, \psi l &= 0 \,. \end{aligned} \tag{7.1}$$

Für die mechanischen Parameter c, c_s, m_1, $\widehat{m}$ wählen wir feste Verhältniswerte. Wir setzen $\widehat{m} = 0$ und nehmen an, daß die Schubfedersteifigkeit gleich der Biegefedersteifigkeit ist. Außerdem schreiben wir für $\psi l = \bar{\psi}$ und für $\omega^2 \, m_1 \, c^{-1} = \lambda^2$. Damit ist (7.1)

$$\begin{aligned} w'' + \bar{\psi}' &= -\lambda^2 \, w \,, \\ \bar{\psi}'' - w' - \bar{\psi} &= 0 \,. \end{aligned} \tag{7.2}$$

Aus dem Nachbarproblem

$$\begin{aligned} w_1'' + \bar{\psi}_1' &= 0 \,, \\ \bar{\psi}_1'' - w_1' - \bar{\psi}_1 &= 0 \end{aligned} \tag{7.3}$$

erhalten wir die an die geometrischen Randbedingungen angepaßte Lösung

$$\begin{aligned} w_1 &= (1 - \xi^2) \, a_1 + (\xi - \xi^3) \, a_2 \,, \\ \bar{\psi}_1 &= (2 \, \xi) \, a_1 + (5 + 3 \, \xi^2) \, a_2 \,; \end{aligned} \tag{7.4'}$$

was sich in (siehe (5.1))

$$\begin{bmatrix} w_1 \\ \bar{\psi}_1 \end{bmatrix} = \begin{bmatrix} 1 - \xi^2 & \xi - \xi^3 \\ 2 \, \xi & 5 + 3 \, \xi^2 \end{bmatrix} \begin{bmatrix} a_1 \\ a_2 \end{bmatrix}, \tag{7.4}$$

$$q_1 \quad = \qquad F_1 \qquad \cdot \; a$$

umschreiben läßt.

Aus der Iterationsgleichung

$$\begin{aligned} w_2'' + \bar{\psi}_2' &= -\lambda^2 \, w_1 \,, \\ \bar{\psi}_2'' - w_2' - \bar{\psi}_2 &= 0 \,; \end{aligned} \tag{7.5}$$

läßt sich die iterierte Lösung q_2 ermitteln

$$\begin{bmatrix} w_2 \\ \bar{\psi}_2 \end{bmatrix} = \begin{bmatrix} 1 - \xi^2 & \xi - \xi^3 \\ 2\,\xi & 5 + 3\,\xi^2 \end{bmatrix} + \lambda^2 \begin{bmatrix} \frac{1}{360}(162 - 207\,\xi^2 + 45\,\xi^4 - \xi^6) & \frac{1}{840}(107\,\xi - 155\,\xi^3 + 49\,\xi^5 - \xi^7) \\ \frac{1}{60}(9\,\xi - 10\,\xi^3 + \xi^5) & \frac{1}{840}(-17 + 45\,\xi^2 - 35\,\xi^4 + 7\,\xi^6) \end{bmatrix} \begin{bmatrix} a_1 \\ a_2 \end{bmatrix},$$

$$q_2 = (F_1 + \omega^2 F)\,a\,. \tag{7.6}$$

Zur Elimination von λ^2 benötigen wir die Matrizen M, C. Es ist

$$C = 8\,c \begin{bmatrix} 1 & 0 \\ 0 & 12 \end{bmatrix}; \qquad M = \frac{16}{105}\,m_1 \begin{bmatrix} 7 & 0 \\ 0 & 1 \end{bmatrix}. \tag{7.7'}$$

Das Produkt $M^{-1}\,C$ wird damit:

$$M^{-1}\,C = \frac{c}{m_1} \begin{bmatrix} \frac{15}{2} & 0 \\ 0 & 630 \end{bmatrix}. \tag{7.8}$$

Mit (6.8), (7.6) und (7.8) wird schließlich q_2 zu

$$\begin{bmatrix} w_2 \\ \bar{\psi}_2 \end{bmatrix} = \begin{bmatrix} \frac{1}{48}(211 - 255\,\xi^2 + 45\,\xi^4 - \xi^6) & \frac{1}{4}(325\,\xi - 469\,\xi^3 + 147\,\xi^5 - 3\,\xi^7) \\ \frac{1}{8}(25\,\xi - 10\,\xi^3 + \xi^5) & \frac{1}{4}(-31 + 147\,\xi^2 - 105\,\xi^4 + 21\,\xi^6) \end{bmatrix} \begin{bmatrix} a_1 \\ a_2 \end{bmatrix},$$

$$q_2 = F_2 \cdot a\,. \tag{7.9}$$

Diese Funktion erfüllt alle Randbedingungen, und die anschließende Rechnung mit diesen Vergleichsfunktionen nach (6.11) ergibt die Näherungen

$$\omega_1 = 1{,}3251 \left(\frac{c}{m_1}\right)^{1/2}, \qquad \omega_2 = 2{,}9979 \left(\frac{c}{m_1}\right)^{1/2}$$

für die Eigenkreisfrequenzen, was mit den exakten Werten

$$\omega_1 = 1{,}3250 \left(\frac{c}{m_1}\right)^{1/2}, \qquad \omega_2 = 2{,}9936 \left(\frac{c}{m_1}\right)^{1/2}$$

sehr gut übereinstimmt.

Einige weitere Ergebnisse, die mit Hilfe einparametriger Ansätze gewonnen wurden, zeigt Tabelle 2.

Die Ergebnisse mit Vergleichsfunktionen zeichnen sich auch hier durch ihre Genauigkeit aus.

Tabelle 2: Ergebnisse

Problem	Differentialgleichung		Erster Eigenwert λ		
			zul. Fktn.	Vergl. fktn.	Exakt
Stab 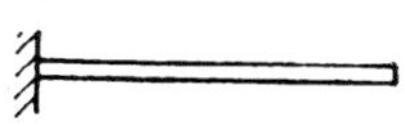	$u'' = -\lambda^2 u$		1,73	1,57	1,57
konischer Stab 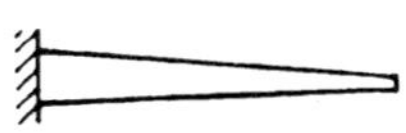	$(\xi^2 u')' = -\lambda^2 \xi^2 u$		2,45	2,03	2,03
BERNOULLI-Balken 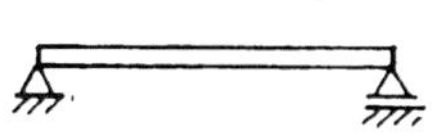	$w'''' = \lambda^2 w$		10,95	9,87	9,87
TIMOSHENKO-Balken 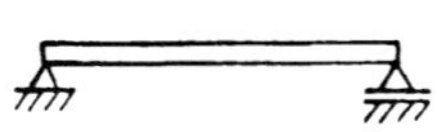	$\alpha(w'' + \bar{\psi}') = -\lambda^2 w$; $\bar{\psi}'' - \alpha(w' + \bar{\psi}) = 0$	$\alpha = 120$	10,95	9,49	9,49
Kreisplatte 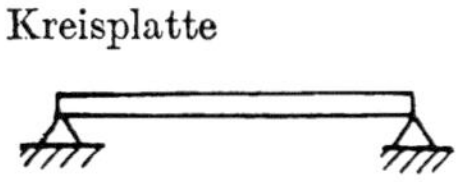	$\xi\,w'''' + 2\,w''' - \xi^{-1} w'' + \xi^{-2} w' = \lambda^2\,2\,\xi\,w$		4,90	4,44	4,44

8. Zusammenfassung

Für eindimensionale Kontinua, deren Differentialgleichungen linear sind, sich aus einem Potential ableiten lassen und auf *spezielle Eigenwertprobleme* führen, werden systematisch Ansatzfunktionen für das RITZsche Verfahren konstruiert. Das dazu verwendete Iterationsverfahren liefert in einem ersten Schritt zulässige Ansatzfunktionen, die in einem weiteren Iterationsschritt zur Konstruktion von Vergleichsfunktionen benutzt werden. Diese Vergleichsfunktionen, die allen Randbedingungen genügen, eignen sich als Ansatzfunktionen für das RITZsche Verfahren; die Ergebnisse zeichnen sich durch große Genauigkeit aus.

Literatur

1 COLLATZ, L., Eigenwertprobleme und ihre numerische Behandlung, Akademische Verlagsgesellschaft, Leipzig 1945. S. 40.
2 UHRIG, R., Finite Berechnung von Schwingern mit kontinuierlich verteilter Masse u. Nachgiebigkeit, Ingenieur Archiv, 1965. S. 95–108.
3 COHEN, E., MCCALLION, H., Improved deformation functions for the finite element analysis of beam systems, International journal of numerical methods in engineering **1**, S. 163–167 (1969).

Eingereicht am 5. 6. 1973

Anschrift: Dr.-Ing. G. HABEDANK, Fachgebiet Maschinendynamik, TH Darmstadt, BRD

ZAMM 54, 335–342 (1974)

G. ALEFELD

Quadratisch konvergente Einschließung von Lösungen nichtkonvexer Gleichungssysteme

Ohne Konvexität vorauszusetzen, werden Verfahren zur Einschließung der Lösung nichtlinearer Gleichungssysteme angegeben, die monoton konvergieren und die die Konvergenzordnung 2 besitzen. Die Möglichkeit der praktischen Durchführung dieser Verfahren bei gewissen Gleichungssystemen beruht wesentlich auf der Verwendung der Intervall-arithmetik.

Without convexity asumptions we give methods for enclosing the solution of nonlinear systems of equations. These methods possess monotone convergence behaviour. The order of convergence is two. When applied to certain systems the methods make essential use of interval arithmetic.

Не задаваясь наличием выпуклости приведены методы запирания решения нелинейных систем уравнений, сходящихся монотонно и имеющих порядок сходимости 2. Возможность практического осуществления этих методов для определённых систем уравнений зависит в основном от применения интервальной арифметики.

1. Einleitung

Es werden Verfahren angegeben zur fortwährenden Einschließung der Lösung eines nichtlinearen Gleichungssystems, wobei die Abbildung nicht notwendig konvex ist. Weitgehend ohne Konvexität kommt auch J. W. SCHMIDT in [8] aus. In den anderen dem Verfasser bekannten Arbeiten, die die gleiche Problemstellung behandeln, wird stets die Konvexität vorausgesetzt, um ein Verfahren zu erhalten, welches mindestens überlinear konvergiert. Siehe dazu insbesondere [7], [9], [10], [12]. Die Ergebnisse der vorliegenden Arbeit und ihre Beweise stehen naturgemäß in engem Zusammenhang mit entsprechenden Resultaten aus [6] und [7]. Andererseits können die hier bewiesenen Ergebnisse auch als Spezialfälle der in [1], [2] und [5] angegebenen Verfahren angesehen werden. Wegen der spezielleren Voraussetzung kommen wir hier jedoch zu stärkeren Aussagen als in den zuletzt genannten Arbeiten. Die Ergebnisse dieser Arbeit lassen sich ohne große Schwierigkeiten auf allgemeinere Räume übertragen.

In Satz 1 beweisen wir Aussagen über ein „Verfahren ohne Auflösung von linearen Gleichungen" (siehe [11]). Satz 2 kann als Spezialfall von Satz 1 erhalten werden. Zur Erzielung von quadratischer Konvergenz genügt neben einer LIPSCHITZbedingung für die Ableitung die Beziehung (18). In Abschnitt 3 wird gezeigt, daß bei einigen Klassen von Gleichungssystemen die Bedingung (18) stets erfüllbar ist. Wichtig ist dabei, daß man mit der Intervallrechnung ein Hilfsmittel hat, mit welchem man die benötigten Größen aus Satz 1 auch praktisch berechnen kann.

Wir bezeichnen im folgenden mit $L(\mathbb{R}^n)$ die Menge der linearen Abbildungen von $\mathbb{R}^n$ nach $\mathbb{R}^n$ (Menge der $n\times n$-Matrizen). Im $\mathbb{R}^n$ und in $L(\mathbb{R}^n)$ legen wir die natürliche (komponentenweise) Halbordnung zugrunde und Intervalle im $\mathbb{R}^n$ bezeichnen wir mit $\langle x, y\rangle$. Mit $F'(x)$ wird die GATEAUX-(G-)Ableitung einer Abbildung F bezeichnet.

2. Verfahren

Satz 1: *Es sei $F: D \subset \mathbb{R}^n \to \mathbb{R}^n$ eine G-differenzierbare Abbildung und das Intervall $\langle x^0, y^0\rangle$ sei in D enthalten. Es gelte $Fx^0 \leqq 0 \leqq Fy^0$.*

$A: \langle x^0, y^0\rangle \times \langle x^0, y^0\rangle \to L(\mathbb{R}^n)$, $A = A(x, y)$,

sei eine Abbildung mit

$$Fx - Fy = A(x, y)\,(x - y) \qquad \textit{für} \qquad \langle x, y\rangle \subset \langle x^0, y^0\rangle\,. \tag{1}$$

$B: \langle x^0, y^0\rangle \times \langle x^0, y^0\rangle \to L(\mathbb{R}^n)$, $B = B(x, y)$,

sei eine stetige Abbildung mit

$$B(\bar{x}, \bar{y}) \leqq B(x, y) \qquad \textit{für} \qquad \langle \bar{x}, \bar{y}\rangle \subset \langle x, y\rangle \subset \langle x^0, y^0\rangle \tag{2}$$

$$A(x, y) \leqq B(x, y) \qquad \textit{für} \qquad \langle x, y\rangle \subset \langle x^0, y^0\rangle \tag{3}$$

$$B(x, y)^{-1} \textit{ existiert und } B(x, y)^{-1} \geqq 0 \qquad \textit{für} \qquad \langle x, y\rangle \subset \langle x^0, y^0\rangle\,. \tag{4}$$

$P_0 \in L(\mathbb{R}^n)$ *sei nichtsingulär und es gelte*

$$B(x^0, y^0)\, P_0 \leqq I \qquad (I \textit{ Einheitsmatrix}) \tag{5}$$

$$P_0\, B(x^0, y^0) \leqq I \tag{6}$$

$$P_0 \geqq 0\,. \tag{7}$$

Dann ist das Iterationsverfahren

$$\left.\begin{aligned} y^{k+1} &= y^k - P_k F x^k \\ x^{k+1} &= x^k - P_k F x^k \\ P_{k+1} &= P_k - P_k [B(x^{k+1}, y^{k+1}) P_k - I] \end{aligned}\right\} k = 0, 1, 2, \ldots, \tag{8}$$

unbeschränkt durchführbar.
Es gilt

$$x^0 \leqq x^1 \leqq \cdots \leqq x^k \leqq x^{k+1} \leqq y^{k+1} \leqq y^k \leqq \cdots \leqq y^1 \leqq y^0 \tag{9}$$

$$F x^k \leqq 0 \leqq F y^k \tag{10}$$

$$P_0 \leqq P_1 \leqq \cdots \leqq P_k \leqq P_{k+1} \leqq \cdots \tag{11}$$

$$P_k \geqq 0 \text{ und nichtsingulär} \tag{12}$$

$$P_k B(x^k, y^k) \leqq I \tag{13}$$

$$B(x^k, y^k) P_k \leqq I \tag{14}$$

(9)–(14) für $k = 0, 1, 2, \ldots$.

$$\lim_{k\to\infty} x^k = x^* \leqq y^* = \lim_{k\to\infty} y^k \tag{15}$$

$$P^* := \lim_{k\to\infty} P_k = B(x^*, y^*)^{-1}. \tag{16}$$

Alle Lösungen von $F x = 0$ *aus dem Intervall* $\langle x^0, y^0\rangle$ *sind in* $\langle x^*, y^*\rangle$ *enthalten.*
Ist F *stetig in* $\langle x^0, y^0\rangle$, *so gilt* $F x^* = F y^* = 0$.
Ist $A(x, y)$ *nichtsingulär für* $\langle x, y\rangle \subset \langle x^0, y^0\rangle$, *so ist* $x^* = y^*$. *Genügt außerdem die Ableitung von* F *einer Lipschitzbedingung*

$$\|F'(x) - F'(y)\| \leqq c_1 \|x - y\| \quad \text{für} \quad x, y \in \langle x^0, y^0\rangle \tag{17}$$

und gilt für die Abbildung B

$$\|F'(z) - B(x, y)\| \leqq c_2 \|x - y\| \quad \text{für} \quad z \in \langle x, y\rangle \subset \langle x^0, y^0\rangle, \tag{18}$$

so gilt

$$\lim_{k\to\infty} P_k = F'(x^*)^{-1}, \tag{19}$$

und die Folgen

$$\|x^k - x^*\|, \|y^k - x^*\|, \|x^k - y^k\| \quad \text{und} \quad \|P_k - F'(x^*)^{-1}\|$$

konvergieren quadratisch gegen Null.

Beweis: Wir beweisen die Behauptungen (9) — (14) durch vollständige Induktion. Den Beweisgedanken von (9) und (10) findet man bereits in [6] beim Beweis von Theorem 4.1, Seite 177. Es sei $k \geqq 0$ und $x \in \langle x^k, y^k\rangle$. Dann ist wegen $\langle x, y^k\rangle \subset \langle x^k, y^k\rangle$ nach (2) und (3)

$$A(x, y^k) \leqq B(x, y^k) \leqq B(x^k, y^k)$$

und wegen $P_k \geqq 0$ nach (12) ist

$$P_k B(x^k, y^k) \geqq P_k A(x, y^k),$$

also nach (13)

$$I - P_k A(x, y^k) \geqq I - P_k B(x^k, y^k) \geqq 0.$$

Damit und wegen $x - y^k \leqq 0$ erhält man mit (1)

$$\begin{aligned} x - P_k F x &= y^{k+1} + (x - y^k) - P_k (F x - F y^k) \\ &= y^{k+1} + (x - y^k) - P_k A(x, y^k)(x - y^k) \\ &= y^{k+1} + [I - P_k A(x, y^k)](x - y^k) \\ &\leqq y^{k+1}. \end{aligned} \tag{20}$$

Speziell erhält man für $x = x^k$ wegen $F x^k \leqq 0 \leqq F y^k$ nach (10) und $P_k \geqq 0$ nach (12)

$$x^k \leqq x^k - P_k F x^k = x^{k+1} \leqq y^{k+1} = y^k - P_k F y^k \leqq y^k.$$

Damit ist (9) gezeigt.
Wegen $\langle y^{k+1}, y^k\rangle \subset \langle x^k, y^k\rangle$ gilt nach (2) und (3)

$$A(y^{k+1}, y^k) \leqq B(y^{k+1}, y^k) \leqq B(x^k, y^k).$$

Mit $P_k \geqq 0$ und (14) folgt daraus

$$I - A(y^{k+1}, y^k) P_k \geqq I - B(x^k, y^k) P_k \geqq 0.$$

Wegen $Fy^k \geqq 0$ nach (10) folgt damit und nach (1)

$$\begin{aligned} Fy^{k+1} &= Fy^k + A(y^{k+1}, y^k)(y^{k+1} - y^k) \\ &= [I - A(y^{k+1}, y^k) P_k] F y^k \geqq 0 . \end{aligned}$$

Entsprechend zeigt man $Fx^{k+1} \leqq 0$. Damit ist (10) gezeigt.

Wegen $\langle x^{k+1}, y^{k+1}\rangle \subset \langle x^k, y^k\rangle$ gilt nach (2)

$$B(x^{k+1}, y^{k+1}) \leqq B(x^k, y^k) .$$

Damit und wegen $P_k \geqq 0$ und nach (13) und (14) gilt

$$\begin{aligned} &B(x^{k+1}, y^{k+1}) P_k \leqq B(x^k, y^k) P_k \leqq I , \\ &P_k B(x^{k+1}, y^{k+1}) \leqq P_k(B(x^k, y^k)) \leqq I , \end{aligned} \tag{21}$$

woraus mit (8)

$$\begin{aligned} I - B(x^{k+1}, y^{k+1}) P_{k+1} &= I - B(x^{k+1}, y^{k+1}) P_k + B(x^{k+1}, y^{k+1}) P_k [B(x^{k+1}, y^{k+1}) P_k - I] \\ &= [I - B(x^{k+1}, y^{k+1}) P_k]^2 \geqq 0 \end{aligned}$$

und

$$I - P_{k+1} B(x^{k+1}, y^{k+1}) = [I - P_k B(x^{k+1}, y^{k+1})]^2 \geqq 0 , \tag{22}$$

sowie

$$P_{k+1} = P_k - P_k [B(x^{k+1}, y^{k+1}) P_k - I] \geqq P_k \geqq 0$$

folgen. Damit sind (13) und (14) gezeigt. Es fehlt bei (12) noch der Nachweis, daß P_{k+1} nichtsingulär ist. Da P_k nichtsingulär ist, gilt

$$B(x^{k+1}, y^{k+1}) = M - N$$

mit

$$M = P_k^{-1}, \quad N = P_k^{-1} - B(x^{k+1}, y^{k+1}) .$$

Nach Voraussetzung gilt $M^{-1} = P_k \geqq 0$ und nach (21) ist

$$M^{-1} N = I - P_k B(x^{k+1}, y^{k+1}) \geqq 0 , \qquad N M^{-1} = I - B(x^{k+1}, y^{k+1}) P_k \geqq 0 ,$$

d. h. $M - N$ ist eine schwach reguläre Zerlegung von $B(x^{k+1}, y^{k+1})$ (siehe Definition 2.4.15 in [7], Seite 56). Nach (4) ist $B(x^{k+1}, y^{k+1})^{-1} \geqq 0$. Nach Satz 2.4.17 in [7], Seite 56, folgt dann

$$\varrho(I - P_k B(x^{k+1}, y^{k+1})) < 1 .$$

(ϱ bezeichne den Spektralradius einer Matrix). Nach Satz 2.2.8 in [7], Seite 44, gibt es dann zu jedem $\varepsilon > 0$ eine Matrixnorm, so daß mit (22) gilt

$$\|I - P_{k+1} B(x^{k+1}, y^{k+1})\| = \|[I - P_k B(x^{k+1}, y^{k+1})]^2\| \leqq [\varrho(I - P_k B(x^{k+1}, y^{k+1})) + \varepsilon]^2 .$$

Man wähle $\varepsilon > 0$ so, daß die rechte Seite dieser Ungleichung kleiner als 1 ausfällt. Auf Grund des BANACH-Lemmas ist dann $P_{k+1} B(x^{k+1}, y^{k+1})$ invertierbar, woraus die Invertierbarkeit von P_{k+1} folgt. Damit ist auch (12) gezeigt. Die Behauptung (15) folgt aus (9) mit der üblichen Argumentation.

Auf Grund von (13) oder (14) mit (4) gilt

$$P_k \leqq B(x^k, y^k)^{-1} .$$

Aus der Stetigkeit von $B(x, y)$ folgt $\lim\limits_{k\to\infty} B(x^k, y^k) = B(x^*, y^*)$ und wegen $\langle x^*, y^*\rangle \subset \langle x^k, y^k\rangle$ gilt nach (2)

$$B(x^*, y^*) \leqq B(x^k, y^k) ,$$

woraus nach (4)

$$B(x^k, y^k)^{-1} \leqq B(x^*, y^*)^{-1} ,$$

also

$$P_k \leqq B(x^*, y^*)^{-1}$$

folgt. Die Folge (11) ist also nach oben beschränkt und somit konvergent. Aus der Iterationsvorschrift (8) folgt mit (21) und (11)

$$P_k - P_{k+1} = P_k [B(x^{k+1}, y^{k+1}) P_k - I] \leqq P_0 [B(x^{k+1}, y^{k+1}) P_k - I] \leqq 0$$

und daraus

$$\lim_{k\to\infty} (P_k - P_{k+1}) = \lim_{k\to\infty} P_0 [B(x^{k+1}, y^{k+1}) P_k - I] = P_0 [B(x^*, y^*) P^* - I] = 0 .$$

Da P_0 nichtsingulär ist, folgt (16).

Sei $z \in \langle x^k, y^k \rangle$ für ein $k \geqq 0$ mit $F z = 0$. Dann gilt nach (20)

$$z = z - P_k F z \leqq y^{k+1} .$$

Aus der Beziehung

$$x - P_k F x \geqq x^{k+1} \quad \text{für} \quad x \in \langle x^k, y^k \rangle ,$$

die man genauso wie (20) beweisen kann, folgt mit $x := z$

$$z = z - P_k F z \geqq x^{k+1} ,$$

insgesamt also

$$x^k \leqq x^{k+1} \leqq z \leqq y^{k+1} \leqq y^k \quad \text{für alle } k \geqq 0 .$$

Aus dieser Beziehung folgt, daß alle Lösungen von $F x = 0$ aus dem Intervall $\langle x^0, y^0 \rangle$ in $\langle x^*, y^* \rangle$ enthalten sind.

Ist F stetig in $\langle x^0, y^0 \rangle$, so folgt aus der Iterationsvorschrift (8)

$$0 = \lim_{k\to\infty} (y^k - y^{k+1}) = \lim_{k\to\infty} P_k F y^k = P^* F y^* .$$

Da $P^* = B(x^*, y^*)^{-1}$ nichtsingulär ist, folgt $F y^* = 0$. Entsprechend zeigt man $F x^* = 0$.

Ist $A(x, y)$ nichtsingulär für $\langle x, y \rangle \subset \langle x^0, y^0 \rangle$, so folgt aus (1)

$$0 = F x^* - F y^* = A(x^*, y^*) (x^* - y^*) , \quad \text{also } x^* = y^* .$$

Unter der Voraussetzung (18) folgt mit

$$\lim_{k\to\infty} x^k = x^* = y^* = \lim_{k\to\infty} y^k \text{ die Beziehung } \lim_{k\to\infty} B(x^k, y^k) = F'(x^*) ,$$

also mit (16) die Behauptung (19).

Der Nachweis der quadratischen Konvergenz erfolgt ähnlich wie in [11], Satz 2. Zur Abkürzung setzen wir

$$B_k := B(x^k, y^k) , \quad p := \|F'(x^*)\| , \quad P^* = F'(x^*)^{-1} .$$

Dann folgt aus der Iterationsvorschrift (8) und mit (17)

$$\begin{aligned} \|y^{k+1} - x^*\| &= \|y^k - x^* - P_k F y^k\| \\ &= \| - P_k (F y^k - F x^* - F'(x^*) (y^k - x^*)) + (F'(x^*)^{-1} - P_k) F'(x^*) (y^k - x^*)\| \\ &\leqq \frac{c_1}{2} \|P_k\| \, \|y^k - x^*\|^2 + p \, \| P^* - P_k\| \, \|y^k - x^*\| . \end{aligned} \tag{23}$$

Entsprechend zeigt man

$$\|x^{k+1} - x^*\| \leqq \frac{c_1}{2} \|P_k\| \, \|x^k - x^*\|^2 + p \, \| P^* - P_k\| \, \|x^k - x^*\| . \tag{24}$$

Aus der Iterationsvorschrift (8) und mit $I = F'(x^*) P^*$ ergibt sich

$$\begin{aligned} P_{k+1} - P^* &= P_k - P^* - P^k (B_{k+1} P_k - I) \\ &= P_k - P^* + P_k [I - F'(x^*) P_k + (F'(x^*) - B_{k+1}) P_k] \\ &= P_k - P^* + P_k (F'(x^*) P^* - F'(x^*) P_k) + P_k (F'(x^*) - B_{k+1}) P_k \\ &= P_k - P^* + P_k F'(x^*) (P^* - P_k) + P_k (F'(x^*) - B_{k+1}) P_k \\ &= (P^* F'(x^*) - P_k F'(x^*)) (P_k - P^*) + P_k (F'(x^*) - B_{k+1}) P_k \\ &= - (P_k - P^*) F'(x^*) (P_k - P^*) + P_k (F'(x^*) - B_{k+1}) P_k \end{aligned}$$

woraus mit (18)

$$\|P_{k+1} - P^*\| \leqq p \, \|P_k - P^*\|^2 + c_2 \, \|P_k\|^2 \, \|x^{k+1} - y^{k+1}\| \tag{25}$$

folgt.

Wegen $\lim_{k\to\infty} P_k = P^* = F'(x^*)^{-1}$ gibt es eine Konstante s, so daß $\|P_k\| \leqq s$ für alle $k \geqq 0$.

Es sei

$$c = \max \{c_1 s + 2 p, \; p + c_2 s^2 (c_1 s + 2 p)\}$$

und

$$r_k = \max \{\|x^k - x^*\|, \|y^k - x^*\|, \|x^k - y^k\|, \|P_k - P^*\|\} .$$

Dann folgt mit den zuletzt bewiesenen Beziehungen (23), (24) und (25)

$$||y^{k+1} - x^*|| \leqq \left(\frac{c_1}{2} s + p\right) r_k^2 \leqq c\, r_k^2 ,$$

$$||x^{k+1} - x^*|| \leqq \left(\frac{c_1}{2} + p\right) r_k^2 \leqq c\, r_k^2 ,$$

$$||x^{k+1} - y^{k+1}|| \leqq ||x^{k+1} - x^*|| + ||y^{k+1} - x^*|| \leqq ||(c_1 s + 2p)\, r_k^2 \leqq c\, r_k^2 ,$$

$$||P_{k+1} - P^*|| \leqq (p + c_2 s^2 (c_1 s + 2p))\, r_k^2 \leqq c\, r_k^2 ,$$

also

$$r_{k+1} \leqq c\, r_k^2 , \quad k = 0, 1, 2, \ldots .$$

Damit ist die quadratische Konvergenz nachgewiesen.

Bemerkung:

Der Inhalt von Satz 1 läßt sich ohne große Schwierigkeiten auf Verfahren mit höherer Konvergenzgeschwindigkeit übertragen (siehe [11]). Dazu wird in der Iterationsvorschrift (8) die Matrix P_k über mehrere Schritte festgehalten und zur näherungsweisen Invertierung von $B(x^{k+1}, y^{k+1})$ ein Verfahren höherer Ordnung angewandt. Damit kommt man zu folgender Iterationsvorschrift:

$$\left.\begin{array}{ll} y^{k,0} := y^k & \\ y^{k,r+1} := y^{k,r} - P_k F y^{k,r} , & r = 0, 1, 2, \ldots, m \\ y^{k+1} := y^{k,m+1} & \\ x^{k,0} := x^k & \\ x^{k,r+1} := x^{k,r} - P_k F x^{k,r} & r = 0, 1, 2, \ldots, m \\ x^{k+1} := x^{k,m+1} & \\ P_{k+1} = P_k + P_k \sum_{\mu=1}^{m+1} (-1)^\mu [B(x^{k+1}, y^{k+1}) P_k - I]^\mu & \end{array}\right\} k = 0, 1, 2, \ldots .$$

Unter den in Satz 1 gemachten Voraussetzungen konvergiert dieses Verfahren von der Ordnung $m + 2$.

Satz 1 enthält als Spezialfall den Beweis der entsprechenden Aussagen für ein Verfahren, bei dem die Matrizen $B(x^k, x^k)$ nicht näherungsweise sondern vollständig invertiert werden. Dies ist der Inhalt des folgenden Satzes.

Satz 2: *Man setze in Satz* 1 $P_k := B(x^k, y^k)^{-1}$ *und ändere die Iterationsvorschrift* (8) *ab in*

$$\left.\begin{array}{l} y^{k+1} = y^k - P_k F y^k \\ x^{k+1} = x^k - P_k F x^k \end{array}\right. \quad k = 0, 1, 2, \ldots . \tag{8'}$$

Dann gelten alle Aussagen von Satz 1.

Beweis: (5), (6) und (7) sowie (12), (13) und (14) sind wegen (4) trivialerweise erfüllt. (11) folgt ebenfalls aus (4). Die anderen Teile des Beweises können unverändert übernommen werden.

Bei der Durchführung von Verfahren (8)' beachte man, daß bei Anwendung des GAUSSschen Algorithmus die Dreieckszerlegung von $B(x^k, y^k)$ nur einmal durchgeführt werden muß (siehe auch [7], Seite 452).

3. Anwendungen

Es sei

$$F: D \subset \mathbb{R}^n \to \mathbb{R}^n,\ Fx = H x + \varepsilon \Phi(x) + b \text{ mit } \varepsilon > 0 \text{ und } b \in \mathbb{R}^n . \tag{26}$$

Dabei sei H eine M-Matrix, d. h. $h_{ij} \leqq 0$ für $i \neq j$ und $H^{-1} \geqq 0$.

$$\Phi: D \subset \mathbb{R}^n \to \mathbb{R}^n, \quad \Phi(x) = (\varphi_i(x))$$

sei eine stetige G-differenzierbare Abbildung mit

$$\varphi_i(x) = \sum_{j=1}^{n} \alpha_{ij}\, g_j(x_j) , \quad i = 1(1)\, n ,$$

wobei

$$g_i: D_i \subset R^1 \to R^1, \quad g_i = g_i(s) , \quad i = 1(1)n ,$$

$$\frac{d}{ds} g_i(s) \geqq 0 , \qquad i = 1(1)n ,$$

und $\alpha_{ij} \geqq 0$, $i, j = 1(1)n$.

Mit $g(x) = g_i(x_i)$ und $U = (\alpha_{ij})$ läßt sich F in der Form

$$Fx = H\,x + \varepsilon\,U\,g(x) + b$$

schreiben.

Es sei $A(x, y)$ die Matrix, deren i-te Zeile gleich

$$f_i'(x + t_i(y - x)) = \left(h_{i1} + \varepsilon\alpha_{i1}\frac{d}{dx_1}g_1(x_1 + t_i(y_1 - x_1)), \ldots, h_{in} + \varepsilon\alpha_{in}\frac{d}{dx_n}g_n(x_n + t_i(y_n - x_n))\right)$$

mit $t_i \in (0, 1)$, $i = 1(1)\,n$, ist. Ist D konvex, so gilt auf Grund des Mittelwertsatzes für Abbildungen von $D \subset \mathbb{R}^n \to \mathbb{R}^1$

$$F\,x - F\,y = A(x, y)\,(x - y)$$

für $x, y \in D$. Es bezeichne $u_j(x_j, y_j)$ die obere Schranke der intervallmäßigen Auswertung von $\frac{dg_j}{dx_j}$ für das Intervall $[x_j, y_j]$ mit $x_j \leqq y_j$. Dann gilt auf Grund der Teilmengeneigenschaft der Intervallrechnung

$$\frac{d}{dx_j}g_j(\bar{x}_j + \bar{t}_i(\bar{y}_j - \bar{x}_j)) \in \frac{d}{dx_j}g_j([\bar{x}_j, \bar{y}_j]) \subset \frac{d}{dx_j}g_j([x_j, y_j]) \quad \text{für} \quad [\bar{x}_j, \bar{y}_j] \subset [x_j, y_j],$$

also

$$u_j(x_j, y_j) \geqq \frac{d}{dx_j}g_j(\bar{x}_j + \bar{t}_i(\bar{y}_j - \bar{x}_j)) \geqq 0\,.$$

Setzen wir

$$\bar{U} = (\bar{u}_{ij}) \quad \text{mit} \quad \bar{u}_{ij} = \alpha_{ij}\,u_j(x_j, y_j)\,,$$

so gilt mit

$$B(x, y) = H + \varepsilon\,\bar{U}$$

sowohl

$$B(\bar{x}, \bar{y}) \leqq B(x, y) \quad \text{für} \quad \langle\bar{x}, \bar{y}\rangle \subset \langle x, y\rangle$$

als auch

$$A(x, y) \leqq B(x, y)\,.$$

Damit sind die Voraussetzungen (1), (2) und (3) von Satz 1 erfüllt. Da H M-Matrix ist, ist nach Satz 2.4.10 in [7] für genügend kleines ε wegen $\bar{U} \geqq 0$ auch $B(x, y)$ M-Matrix und damit (4) erfüllt.

(ε muß der Bedingung

$$h_{ij} + \varepsilon\,\alpha_{ij}\,u_j(x_j^0, y_j^0) \leqq 0\,, \qquad i \neq j\,, \qquad i, j = 1(1)\,n$$

genügen).

Bezeichnet D den Diagonalanteil von $B(x^0, y^0)$, so gilt wegen $D^{-1} \geqq 0$ und $B(x^0, y^0) = D - (D - B(x^0, y^0))$ mit $P_0 = D^{-1}$

$$B(x^0, y^0)\,P_0 = I - (D - B(x^0, y^0))\,D^{-1} \leqq I$$

$$P_0\,B(x^0, y^0) = I - D^{-1}(D - B(x^0, y^0)) \leqq I$$

da $D - B(x^0, y^0) \geqq 0$ ist.

Mit dieser Wahl von P_0 sind auch die Voraussetzungen von (5), (6) und (7) aus Satz 1 erfüllt.

Zerlegt man $B(x^0, y^0)$ in $D - L - R$ mit einer strengen unteren Dreiecksmatrix L und einer strengen oberen Dreiecksmatrix R, so ist $P_0 := (D - L)^{-1} \geqq 0$ und wegen $R \geqq 0$ gilt

$$B(x^0, y^0)\,P_0 = (D - L - R)\,(D - L)^{-1} = I - R\,(D - L)^{-1} \leqq I$$

$$P_0\,B(x^0, y^0) = (D - L)^{-1}\,(D - L - R) = I - (D - L)^{-1}\,R \leqq I\,.$$

Hiermit ist eine andere Möglichkeit für die Wahl von P_0 aufgezeigt. Die Voraussetzung (17) ist erfüllt, falls die Ableitungen der Abbildungen g_i einer LIPSCHITZbedindung genügen. Die Voraussetzung (18) ist ohne weitere Annahmen erfüllt.

Für $F'(z) = \left(h_{ij} + \varepsilon\,\alpha_{ij}\frac{d}{dx_j}g_i(z_j)\right)$ und $B(x, y) = (b_{ij}(x, y))$ mit $b_{ij}(x, y) = h_{ij} + \varepsilon\,\alpha_{ij}\,u_j(x_j, y_j)$ gilt ja

$$F'(z) - B(x, y) = \left(\varepsilon\,\alpha_{ij}\left\{\frac{d}{dx_j}g_j(z_j) - u_j(x_j, y_j)\right\}\right).$$

Setzen wir

$$[s_j(x_j, y_j), u_j(x_j, y_j)] := \frac{d}{dx_j}g_j([x_j, y_j])\,,$$

so gilt für $z_j \in [x_j, y_j]$ auf Grund der Teilmengeneigenschaft der Intervallrechnung

$$\frac{d}{dx} g_j(z_j) \in [s_j(x_j, y_j), u_j(x_j, y_j)]$$

und damit auf Grund von Korollar 2 zu Theorem 4.4 in [5], Seite 24,

$$u_j(x_j, y_j) - \frac{d}{dx_j} g_j(z_j) \leqq u_j(x_j, y_j) - s_j(x_j, y_j) \leqq c_j (y_j - x_j) .$$

Also gilt

$$B(x, y) - F'(z) \leqq \max_i \{y_i - x_i\} \cdot C$$

mit einer Matrix $C = (c_{ij})$, $c_{ij} = \varepsilon \alpha_{ij} c_j \geqq 0$, $i, j = 1(1)\, n$, woraus (18) folgt.

4. Numerisches Beispiel

Wir betrachten die Aufgabe, eine numerische Näherung für die Lösung $y(t)$ der Randwertaufgabe

$$y'' = f(t, y) , \quad y(0) = \bar{a} , \quad y(1) = \bar{b}$$

zu finden. Die Anwendung des Differenzenverfahrens führt auf die m Gleichungen

$$x_{i-1} - 2\, x_i + x_{i+1} - h^2 \{\alpha\, f\, (t_{i-1}, x_{i-1}) + \beta\, f(t_i, x_i) + \gamma\, f(t_{i+1}, x_{i+1})\} = 0 , \qquad i = 1(1)\, m ,$$

mit $t_i = i\, h$, $i = 1(1)\, m$, und $(m + 1)\, h = 1$ und $x_0 = a$, $x_{m+1} = b$. x_i ist eine Näherung für $y(t_i)$. Für $\alpha = \gamma = 0$, $\beta = 1$ erhält man das gewöhnliche Differenzenverfahren, für $\alpha = \gamma = \frac{1}{12}$, $\beta = \frac{10}{12}$ das Mehrstellenverfahren (siehe [13], S. 461). Mit

$$x = \begin{pmatrix} x_1 \\ x_2 \\ \vdots \\ \vdots \\ x_m \end{pmatrix}, \quad g(x) = \begin{pmatrix} f(t_1, x_1) \\ f(t_2, x_2) \\ \vdots \\ \vdots \\ \vdots \\ f(t_m, x_m) \end{pmatrix}, \quad b = \begin{pmatrix} \bar{a} - \alpha\, h^2\, g(0, \bar{a}) \\ 0 \\ \vdots \\ \vdots \\ 0 \\ \bar{b} - \gamma\, h^2\, g(1, \bar{b}) \end{pmatrix},$$

$$H = \begin{pmatrix} 2 & -1 & & & \\ -1 & 2 & -1 & & \\ & \ddots & \ddots & \ddots & \\ & & \ddots & \ddots & \ddots \\ & & -1 & 2 & -1 \\ & & & -1 & 2 \end{pmatrix}, \quad U = \begin{pmatrix} \beta & \gamma & & & \\ \alpha & \beta & \gamma & & \\ & \ddots & \ddots & \ddots & \\ & & \ddots & \ddots & \ddots \\ & & \alpha & \beta & \gamma \\ & & & \alpha & \beta \end{pmatrix}$$

und $\varepsilon = h^2$ lassen sich diese m-Gleichungen in der Form

$$F\, x = H\, x + \varepsilon\, U\, g(x) + b$$

schreiben. Unter der Vorauzsetzung $\frac{\partial f}{\partial y} \geqq 0$ für $t \in (0, 1)$ erfüllt F alle vorangehenden Ausführungen über Systeme der Form (26), falls man beim Mehrstellenverfahren h^2 genügend klein wählt.

Als konkretes Beispiel betrachten wir die Randwertaufgabe

$$y'' = \sin y + y , \quad y(0) = 0 , \quad y(1) = 1 .$$

Wegen $\frac{\partial^2 f}{\partial y^2} = -\sin y$ indefinit, ist das diskretisierte Problem sicherlich nicht im ganzen $\mathbb{R}^n$ konvex.

Die beiden folgenden Tabellen enthalten jeweils für $m = 5, 25, 51$ und 101 die Iterierten der Näherung für $y(1/2)$ und zwar in der ersten Tabelle nach dem gewöhnlichen Differenzenverfahren und in der zweiten Tabelle nach dem Mehrstellenverfahren. Die Iteration wurde nach Verfahren (8)' aus Satz 2 durchgeführt. Die Anfangsvektoren x^0 und y^0 wurden dabei für das gewöhnliche Differenzenverfahren nach 13.4.6, (c) in [7], Seite 460, bestimmt. Für diese Werte ist auch beim Mehrstellenverfahren $Fx^0 \leqq 0 \leqq Fy^0$.

Die Durchführung der Rechnung besorgte Herr PETER T. SPECK auf der Rechenanlage Elegtrologica X8 am Rechenzentrum der Universität Karlsruhe.

$y\left(\frac{1}{2}\right)$ (Gewöhnliches Differenzenverfahren)

k	$m = 5$	
0	−0.5	0.5
1	0.3940299983760	0.4000335866235
2	0.3989339526997	0.3989347005095
3	0.3989344659822	0.3989344659822

k	$m = 25$	
0	−0.5	0.5
1	0.3935413781128	0.3997788906381
2	0.3986874733555	0.3986882610402
3	0.3986880255447	0.3986880255452
4	0.3986880255452	0.3986880255452

k	$m = 51$	
0	−0.5	0.5
1	0.3935206369679	0.3997680696930
2	0.3986771185469	0.3986779080124
3	0.3986776725106	0.3986776725169
4	0.3986776725137	0.3986776725153

k	$m = 101$	
0	−0.5	0.5
1	0.3935155168238	0.3997653993461
2	0.3986745645657	0.3986753545055
3	0.3986751189564	0.3986751189564

$y\left(\frac{1}{2}\right)$ (Mehrstellenverfahren)

k	$m = 5$	
0	−0.5	0.5
1	0.3938048950831	0.3997635541509
2	0.3986758325059	0.3986765352929
3	0.3986763144021	0.3986763144021

k	$m = 25$	
0	−0.5	0.5
1	0.3935292233327	0.3997644587939
1	0.3986736779243	0.3986744630652
3	0.3986742283178	0.3986742283191

k	$m = 51$	
0	−0.5	0.5
1	0.3935175960669	0.3997644612118
2	0.3986736691791	0.3986744580066
3	0.3986742226748	0.3986742226762
4	0.3986742226762	0.3986742226762

k	$m = 101$	
0	−0.5	0.5
1	0.3935147300836	0.3997644611468
2	0.3986736680718	0.3986744577855
3	0.3986742223087	0.3986742223447
4	0.3986742223155	0.3986742223174

Literatur

1 Alefeld, G. und Herzberger, J., Über das Newton-Verfahren bei nichtlinearen Gleichungssystemen. ZAMM **50**, 773–774 (1970).

2 Alefeld, G. und Herzberger, J., Nullstelleneinschließung mit dem Newton-Verfahren ohne Invertierung von Intervallmatrizen. Numerische Mathematik **19**, 56–64 (1972).

3 Baluev, A. N., Zur Methode von Chaplygin (russ.). Dokl. Akad. Nauk SSSR **83**, 781–789 (1952).

4 Collatz, L., Funktionalanalysis und numerische Mathematik. Springer Verlag, Berlin-Göttingen-Heidelberg, 1964.

5 Moore, R. E., Interval analysis. Englewood Cliffs, N. J.: Prentice Hall Inc. 1966.

6 Ortega, J. M. und Rheinboldt, W. C., Monotone iterations for nonlinear equations with application to Gauss-Seidel methods. SIAM J. Numer. Anal. **4**, 171–190 (1967).

7 Ortega, J. M. und Rheinboldt, W. C., Iterative solution of nonlinear equations in several variables. New York-London. Academic Press 1970.

8 Schmidt, J. W., Einschließung von Nullstellen bei Operatoren mit monoton zerlegbarer Steigung durch überlinear konvergente Iterationsverfahren. Annales Academiae Scientiarum Fennicae. Series A. I. Mathematica 1972.

9 Schmidt, J. W., Eingrenzung von Lösungen nichtlinearer Gleichungen durch Verfahren mit höherer Konvergenzgeschwindigkeit. Computing **8**, 208–215 (1971).

10 Schmidt, J. W. und Leonhardt, H., Eingrenzung von Lösungen mit Hilfe der Regula falsi. Computing **6**, 318–329 (1970).

11 Schmidt, J. W. und Leder, D., Ableitungsfreie Verfahren ohne Auflösung linearer Gleichungen. Computing **5**, 71–81 (1970).

12 Vandergraft, J. S., Newton's method for convex operators in partially ordered spaces. SIAM J. Numer. Anal. **4**, 406–432 (1967).

13 Zurmühl, R., Praktische Mathematik. Springer-Verlag, Berlin/Göttingen/Heidelberg. 4. Aufl. (1962).

Eingereicht am 15. 6. 1973

Anschrift: Prof. Dr. G. Alefeld, Institut für Angewandte Mathematik, Universität Karlsruhe, 75 Karlsruhe, Kaiserstraße 12, BRD

ZAMM 54, 343 – 351 (1974)

W. OETTLI*)

Einzelschrittverfahren zur Lösung konvexer und dual-konvexer Minimierungsprobleme

Es wird ein allgemeines Einzelschrittverfahren zur Lösung konvexer Minimalprobleme untersucht.

A general single-step method for solving convex minimization problems is discussed.

Исследуется общий одношаговый метод для решения выпуклых задач на минимизацию.

Wir untersuchen im folgenden die Verwendung von Einzelschrittverfahren zur Minimierung einer konvexen Funktion $F(x_1, \ldots, x_n)$ auf einem cartesischen Produkt konvexer Mengen X_i:

$$\min \{F(x_1, \ldots, x_n) \mid x_i \in X_i,\ i = 1, \ldots, n\} .$$

Als Einzelschrittverfahren bezeichnen wir solche Verfahren, die bei jedem Schritt nur eine Komponente x_i abändern, während alle übrigen Komponenten auf ihrem zuletzt bekannten Wert festgehalten werden. Die Reihenfolge, in der die Komponenten behandelt werden, sei dabei fest vorgegeben. Bekannter Vertreter dieser Verfahrensklasse ist das Verfahren der komponentenweisen Minimierung, bei dem die Funktion in jedem Einzelschritt bezüglich einer Komponente minimiert wird. Wenn die Komponenten x_i selbst wieder mehrdimensional sind, so ist die komponentenweise Minimierung grundsätzlich von gleicher Schwierigkeit wie das Ausgangsproblem. Es liegt daher nahe, die komponentenweise Minimierung zu ersetzen durch leichter zu handhabende Rechenvorschriften. Dies führt uns zum Modell eines allgemeinen Einzelschrittverfahrens, das wir im ersten Abschnitt für die zyklische Reihenfolge und im zweiten Abschnitt für eine beliebige Reihenfolge der zu behandelnden Komponenten diskutieren. Das allgemeine Modell wird durch einige Beispiele illustriert. Die Minimierung einer konvexen Funktion auf einem konvexen cartesischen Produkt ist ein spezieller Fall eines konvexen Programms. Allgemeinere konvexe Programme lassen sich über die Dualitätstheorie auf diesen Fall zurückführen. Im dritten Abschnitt untersuchen wir daher die Bedingungen, unter denen ein konvexes Programm auf dem Umweg über das duale Programm mittels des zyklischen Einzelschrittverfahrens gelöst werden kann. Im vierten Abschnitt behandeln wir den Fall einer quadratischen Zielfunktion mit linearen Nebenbedingungen. Wir interessieren uns hier insbesondere für die Konvergenzgeschwindigkeit des HILDRETH-Verfahrens zur Lösung quadratischer Programme.

1. Das zyklische Einzelschrittverfahren

Wir betrachten das folgende Minimierungsproblem:

$$\begin{aligned} &\min \{F(x) \mid x \in X\} , \\ &x = (x_1, \ldots, x_n) , \qquad X = X_1 \times \cdots \times X_n , \qquad x_i \in X_i \quad (i = 1, \ldots, n) . \end{aligned} \tag{P}$$

Hierbei ist $X_i \subseteq \mathbb{R}^{n_i}$. Wir nennen die x_i Komponenten von x. Im weiteren soll stets die folgende *Voraussetzung* erfüllt sein:

Die Mengen X_i seien konvex und abgeschlossen; F sei auf X konvex und differenzierbar[1]). Die Menge $S^0 = \{x \in X \mid F(x) \leqq F(x^0)\}$ sei kompakt. (V)

x^0 wird der Startpunkt des Verfahrens sein. Wegen der Stetigkeit von F und der Kompaktheit von S^0 hat (P) eine Lösung. Unter den getroffenen Konvexitäts- und Differenzierbarkeitsannahmen gelten die folgenden beiden Hilfssätze, die wohl aus der konvexen Analysis bekannt sind. Wir geben der Vollständigkeit halber den Beweis im Anhang.

Hilfssatz 1: *Es gilt*

$$F(\xi) - F(\hat{x}) \geqq 0 \qquad \forall\, \xi \in X \tag{1}$$

genau dann, wenn

$$(\xi - \hat{x})^T \nabla F(\hat{x}) \geqq 0 \qquad \forall\, \xi \in X . \tag{2}$$

Für $x = (x_1, \ldots, x_i, \ldots, x_n)$ setzen wir zur Abkürzung

$$x_{i-} = (x_1, \ldots, x_{i-1}) , \qquad x_{i+} = (x_{i+1}, \ldots, x_n) , \qquad x = (x_{i-}, x_i, x_{i+}) .$$

---

*) Universität Mannheim, Fakultät für Mathematik und Informatik.

[1]) F ist differenzierbar in $\hat{x} \in X \subseteq \mathbb{R}^n$, wenn mit einem geeignet gewählten n-Vektor t gilt $F(\xi) = F(\hat{x}) + (\xi - \hat{x})^T t + |\xi - \hat{x}| \cdot \chi(\xi - \hat{x})\ \forall\, \xi \in X$, $\lim_{\xi \to \hat{x}} \chi(\xi - \hat{x}) = 0$. Den (von $\hat{x}$ abhängigen und nicht ohne weiteres eindeutigen) Vektor t bezeichnen wir mit $\nabla F(\hat{x})$ („Gradient"). Wenn $x = (x_1, \ldots, x_n)$, so zerlegen wir entsprechend $\nabla F = (\nabla_{x_1} F, \ldots, \nabla_{x_n} F)$.

Hilfssatz 2: *Aus der Gültigkeit von*

$$F(\hat{x}) \leqq F(\hat{x}_{i-}, \xi_i, \hat{x}_{i+}) \qquad \forall\, \xi_i \in X_i \tag{3}$$

für alle i folgt

$$F(\hat{x}) \leqq F(\xi) \qquad \forall\, \xi \in X\,. \tag{4}$$

Wir sagen, es sei ein Punkt $\hat{x} \in X$

minimal bezüglich der i-ten Komponenten (kurz: *i-minimal*),

wenn für diesen Index i Bedingung (3) erfüllt ist. Der Hilfssatz besagt also, daß unter den angegebenen Voraussetzungen ein Punkt, der minimal bezüglich aller Komponenten ist, das globale Minimum von F über X liefert, d. h. eine Lösung von (P) darstellt. (Man überlegt sich leicht, daß der Hilfssatz nicht mehr gelten muß, wenn man auf Konvexität oder Differenzierbarkeit verzichtet.)

Um das allgemeine Modell eines zyklischen Einzelschrittverfahrens für (P) zu formulieren, benötigen wir mengenwertige Abbildungen $\mathcal{N}_i(x)$, durch die jedem $x \in X$ nichtleere Teilmengen $\mathcal{N}_i(x) \subseteq X_i$ $(i = 1, \ldots, n)$ zugeordnet werden. Die Abbildungen $\mathcal{N}_i(x)$ seien abgeschlossen (α) und monoton (β) im folgenden Sinne:

Aus $x^\nu \in X$, $x^\nu \to \bar{x} \in X$, $\xi_i^\nu \in \mathcal{N}_i(x^\nu)$, $\xi_i^\nu \to \bar{\xi}_i \in X_i$ soll folgen $\bar{\xi}_i \in \mathcal{N}_i(\bar{x})$. $\qquad (\alpha)$

$F(x_{i-}, \xi_i, x_{i+}) = F(x)$ $\forall\, \xi_i \in \mathcal{N}_i(x)$ genau dann, wenn x *i-minimal* ist;

$F(x_{i-}, \xi_i, x_{i+}) < F(x)$ $\forall\, \xi_i \in \mathcal{N}_i(x)$ genau dann, wenn x *nicht i-minimal* ist. $\qquad (\beta)$

Das zyklische Einzelschrittverfahren verläuft dann mit beliebigem Startpunkt $x^0 \in X$ wie folgt: Wenn $x^k \in X$ vorliegt, so bestimmt man der Reihe nach (zyklisch) die Komponenten von x^{k+1}, und zwar so, daß

$$x_i^{k+1} \in \mathcal{N}_i(x_{i-}^{k+1}, x_i^k, x_{i+}^k) \text{ beliebig}\,. \tag{5}$$

Hierbei werden also für alle Komponenten die zuletzt bekannten Werte zugrunde gelegt. Nach Beendigung eines Zyklus, bestehend aus n Einzelschritten, liegen alle Komponenten des neuen Iterationspunktes x^{k+1} vor. Offenbar gilt

$$F(x^{k+1}) \leqq F(x_{i-}^{k+1}, x_i^{k+1}, x_{i+}^k) \leqq F(x_{i-}^{k+1}, x_i^k, x_{i+}^k) \leqq F(x^k)\,, \tag{6}$$

da wegen (β) in jedem Einzelschritt der Wert von F nicht zunimmt. Die Folge $\{x^k\}$ hat aus Kompaktheitsgründen mindestens einen Häufungspunkt.

Satz 1: *Jeder Häufungspunkt $\bar{x}$ der Folge $\{x^k\}$ ist Lösung von* (P).

Beweis: Da die Folge $\{x^k, x^{k+1}\}$ in der kompakten Menge $S^0 \times S^0$ liegt, können wir eine Teilfolge so auswählen, daß (komponentenweise)

$$x^{k_l} \to \bar{x} \in X\,, \qquad x^{k_l+1} \to \bar{y} \in X\,.$$

Aus (6) folgt dann im limes für die Teilfolge

$$F(\bar{y}) \leqq F(\bar{y}_{i-}, \bar{y}_i, \bar{x}_{i+}) \leqq F(\bar{y}_{i-}, \bar{x}_i, \bar{x}_{i+}) \leqq F(\bar{x})\,. \tag{7}$$

Da die gesamte Folge $\{F(x^k)\}$ monoton nicht wachsend ist, haben $F(x^{k_l+1})$ und $F(x^{k_l})$ den gleichen Grenzwert, d. h. es ist

$$F(\bar{y}) = F(\bar{x})\,. \tag{8}$$

Damit erhält man aus (7) insbesondere

$$F(\bar{y}_{i-}, \bar{y}_i, \bar{x}_{i+}) = F(\bar{y}_{i-}, \bar{x}_i, \bar{x}_{i+})\,. \tag{9}$$

Wegen (α) gilt

$$\bar{y}_i \in \mathcal{N}_i(\bar{y}_{i-}, \bar{x}_i, \bar{x}_{i+})\,. \tag{10}$$

Dies, zusammen mit (9), liefert wegen (β), daß $(\bar{y}_{i-}, \bar{x}_i, \bar{x}_{i+})$ i-minimal ist. Wegen (9) ist dann auch $(\bar{y}_{i-}, \bar{y}_i, \bar{x}_{i+})$ i-minimal, d. h., es gilt

$$F(\bar{y}_{i-}, \bar{y}_i, \bar{x}_{i+}) \leqq F(\bar{y}_{i-}, \xi_i, \bar{x}_{i+}) \ \forall\, \xi_i \in X_i\,. \tag{11}$$

Aussagen (9) und (11) gelten für $i = 1, \ldots, n$. Wir zeigen, daß für $j = 1, \ldots, n$ gilt

$$F(\bar{y}_1, \ldots, \bar{y}_j, \bar{x}_{j+1}, \ldots, \bar{x}_n) \leqq F(\xi_1, \ldots, \xi_j, \bar{x}_{j+1}, \ldots, \bar{x}_n) \ \forall\, (\xi_1, \ldots, \xi_j) \in X_1 \times \cdots \times X_j\,. \tag{12}$$

(12) ist richtig für $j = 1$, denn dann ist die Aussage die gleiche, wie (11) für $i = 1$. Sei (12) richtig für $j = i - 1$, d. h.

$$F(\bar{y}_{i-}, \bar{x}_i, \bar{x}_{i+}) \leqq F(\xi_{i-}, \bar{x}_i, \bar{x}_{i+}) \ \forall\, \xi_{i-} \in X_{i-}\,.$$

Aus (11) und (9) folgt

$$F(\bar{y}_{i-}, \bar{x}_i, \bar{x}_{i+}) \leqq F(\bar{y}_{i-}, \xi_i, \bar{x}_{i+}) \ \forall\, \xi_i \in X_i\,.$$

Aus diesen beiden Aussagen folgt entsprechend Hilfssatz 2, daß

$$F(\bar{y}_{i-}, \bar{x}_i, \bar{x}_{i+}) \leqq F(\xi_{i-}, \xi_i, \bar{x}_{i+})\,.$$

Hieraus wieder wegen (9)

$$F(\bar{y}_{i-}, \bar{y}_i, \bar{x}_{i+}) \leqq F(\xi_{i-}, \xi_i, \bar{x}_{i+}) .$$

Dies ist aber (12) für $j = i$. Somit gilt (12) für alle j. Setzen wir insbesondere $j = n$, so liefert (12)

$$F(\bar{y}) \leqq F(\xi) \ \forall \ \xi \in X .$$

Damit, wegen (8),

$$F(\bar{x}) \leqq F(\xi) \ \forall \ \xi \in X , \tag{13}$$

und $\bar{x}$ löst (P). q.e.d.

In gleicher Weise, wie der Schluß von (9) und (10) auf (13), ergibt sich das

Corollar 1: *x^k ist Lösung von* (P) *genau dann, wenn* $F(x^{k+1}) = F(x^k)$.

Ist F zusätzlich streng konvex in jeder Komponente x_i, so ist das Minimum bezüglich einer Komponente eindeutig, und es ergibt sich in diesem Fall, daß x^k Lösung von (P) genau dann ist, wenn $x^{k+1} = x^k$.

Wenn $\mathcal{N}_i(x) = \{N_i(x)\}$ einelementig ist, und wenn $N_i(x)$ stetig von x abhängt, so ist (α) automatisch erfüllt, und man hat nur (β) zu verifizieren.

Man kann die Monotonieforderung (β) dahingehend verschärfen, daß man zusätzlich verlangt

$$\mathcal{N}_i(x) = \{x_i\} , \quad \text{wenn } x \ i\text{-minimal ist}$$

(Eindeutigkeit des komponentenweisen Minimums). Unter dieser verschärften Voraussetzung gilt auch ohne Konvexitäts- und Differenzierbarkeitsannahmen, daß der Häufungspunkt $\bar{x}$ minimal bezüglich jeder Komponente ist. Aus (9) und (10) folgt dann nämlich $\bar{y}_i = \bar{x}_i \ \forall \ i$; substituiert man dies in (11), so hat man bereits das gewünschte Resultat.

Beispiele

Wir illustrieren noch kurz das allgemeine Modell durch einige Beispiele. Hierbei sind von Fall zu Fall zusätzliche Voraussetzungen nötig.

1. Zyklische Minimierung [1]. $\mathcal{N}_i(x)$ sei die Menge aller ξ_i, die Lösungen sind von

$$\min \{F(x_{i-}, \xi_i, x_{i+}) \mid \xi_i \in X_i\} . \tag{14}$$

Der Punkt x_i^{k+1} ist also so zu bestimmen, daß er die Funktion $F(x_{i-}^{k+1}, \xi_i, x_{i+}^k)$ über X_i minimiert. Man überzeugt sich leicht, daß (α) und (β) erfüllt sind.

2. Zyklische Linearisierung. Zusätzlich zu (V) seien die Mengen X_i kompakt, und F sei stetig differenzierbar. $\mathcal{N}_i(x)$ sei die Menge aller ξ_i, die sich durch die folgende Konstruktion erhalten lassen: Man bestimmt zuerst ein $\eta_i \in X_i$ als Lösung von

$$\min \{(\eta_i - x_i)^T \nabla_{x_i} F(x) \mid \eta_i \in X_i\} , \tag{15}$$

und hierauf einen Punkt ξ_i auf $[x_i, \eta_i]$ — der Verbindungsstrecke zwischen x_i und η_i — als Lösung von

$$\min \{F(x_{i-}, \xi_i, x_{i+}) \mid \xi_i \in [x_i, \eta_i]\} . \tag{16}$$

Die Forderungen (α), (β) sind in diesem Fall erfüllt. Um (α) zu verifizieren, benützt man im wesentlichen, daß die Aussagen

$$(\eta^\nu - x^\nu)^T \nabla F(x^\nu) \leqq (\eta - x^\nu)^T \nabla F(x^\nu) \ \forall \ \eta \in X , \qquad F(\xi^\nu) \leqq F(\xi) \ \forall \ \xi \in [x^\nu, \eta^\nu]$$

auch im limes gültig bleiben, wenn $\eta^\nu \to \bar{\eta}$, $\xi^\nu \to \bar{\xi}$, $x^\nu \to \bar{x}$. Die Monotonie (β) folgt mittels Hilfssatz 1: Wenn x nicht i-minimal ist, so gilt nach Konstruktion $(\eta_i - x_i)^T \nabla_{x_i} F(x) < 0$; hieraus folgt $F(x_{i-}, \xi_i, x_{i+}) < F(x)$. Die Beweistechnik ist die gleiche wie in [2, p. 90–91], [3, p. 158–62].

3. Zyklische Projektion. Es bezeichne $|\cdot|$ die euklidische Norm, P_{X_i} die euklidische Projektion auf X_i. Zusätzlich zu (V) sei F stetig differenzierbar mit $|\nabla F(x) - \nabla F(y)| \leqq M \, |x - y| \ \forall \ x, y \in X$. $\mathcal{N}_i(x)$ bestehe nur aus einem Element $N_i(x)$ gemäß

$$N_i(x) = P_{X_i}(x_i - \lambda_i \nabla_{x_i} F(x)) , \qquad \lambda_i \in \left(0, \frac{2}{M}\right) \text{fest} . \tag{17}$$

Aus der Stetigkeit des Gradienten und des Projektionsoperators folgt die Stetigkeit von N_i; damit ist (α) erfüllt. Man zeigt nun wie in [4, p. 123], daß (bei variablem λ_i) x i-minimal ist, wenn $x_i = N_i(x) \ \forall \ \lambda_i > 0$, während x nicht i-minimal ist, wenn $x_i \neq N_i(x) \ \forall \ \lambda_i > 0$. Im letzteren Fall gilt außerdem

$$F(x_{i-}, N_i(x), x_{i+}) \leqq F(x) - |x_i - N_i(x)|^2 \left(\frac{1}{\lambda_i} - \frac{M}{2}\right)$$

$$< F(x) , \quad \text{wenn} \quad 0 < \lambda_i < \frac{2}{M}$$

(dies zeigt man wie in [4, p. 124]; daselbst allerdings der Faktor 2 für die maximale Schrittweite λ_i verschenkt). Damit ist auch (β) erfüllt.

4. Zyklische Relaxation. Es sei X der ganze $\mathbb{R}^n$, und F sei zweimal stetig differenzierbar. $H(x)$ resp. $H_i(x)$ bezeichne die Matrix der zweiten Ableitungen bezüglich x resp. x_i. Für alle $x \in S^0$ gelte mit $m > 0$: $m|y|^2 \leqq y^T H(x) \, y \ \forall \ y$. Wir setzen

$$N_i(x) = x_i - \lambda_i(x) \, t_i(x) ,$$

$$t_i(x) = (H_i(x))^{-1} \nabla_{x_i} F(x) , \qquad \lambda_i(x) = \frac{\omega}{1 + \frac{\mu}{m} |t_i(x)|} , \tag{18}$$

wobei $\omega \in (0, 2)$ fest, $\mu > 0$ fest.

$N_i(x)$ ist stetig; damit ist (α) erfüllt. Um (β) zu verifizieren, müssen wir weiterhin voraussetzen, daß $|H(z) - H(x)| \leqq \mu |t_i(x)|$ gelten soll, wenn $|z - x| \leqq 2|t_i(x)|$. Offenbar ist x genau dann i-minimal, wenn $t_i(x) = 0$, d. h. wenn $N_i(x) = x_i$. Sei nun $t_i(x) \neq 0$. Mit $t_i = t_i(x)$, $\bar{x} = (x_{i-}, N_i(x), x_{i+})$, $\lambda_i(x) = \lambda_i \in (0, 2)$ beliebig erhalten wir dann

$$
\begin{aligned}
F(\bar{x}) - F(x) &= -\lambda_i t_i^T \nabla_{x_i} F(x) + \frac{1}{2}\lambda_i^2 t_i^T H_i(z) t_i \qquad (z \in [x, \bar{x}]) \\
&= -\lambda_i t_i^T H_i(x) t_i + \frac{1}{2}\lambda_i^2 t_i^T H_i(z) t_i \\
&= \left(-\lambda_i + \frac{1}{2}\lambda_i^2\right) t_i^T H_i(x) t_i + \frac{1}{2}\lambda_i^2 t_i^T (H_i(z) - H_i(x)) t_i \\
&\leqq \left(-\lambda_i + \frac{1}{2}\lambda_i^2\right) m|t_i|^2 + \frac{1}{2}\lambda_i^2 \mu |t_i|^3 \\
&= m\lambda_i |t_i|^2 \left(-1 + \frac{1}{2}\lambda_i \left(1 + \frac{\mu}{m}|t_i|\right)\right) \\
&< 0, \quad \text{wenn} \quad \lambda_i < \frac{2}{1 + \frac{\mu}{m}|t_i|}.
\end{aligned}
$$

Damit ist für (18) Forderung (β) erfüllt. Bestimmt man $\lambda_i(x)$ durch die Vorschrift

$$\lambda_i(x) = \min\left\{1, \frac{\omega}{1 + \frac{\mu}{m}|t_i(x)|}\right\}, \qquad \omega \in (1, 2) \quad \text{fest},$$

so sind (α) und (β) immer noch erfüllt. Außerdem wird dann automatisch $\lambda_i(x) = 1$ in der Umgebung eines Punktes $\hat{x}$ mit $\nabla F(\hat{x}) = 0$, d. h. $N_i(x)$ fällt in der Umgebung eines Minimalpunkts mit dem Newton-Operator zusammen. Würde x nur aus einer Komponente bestehen, so hätte man also eine global konvergente Variante des Newton-Verfahrens. Man vergleiche hierzu auch [5, p. 92–94], [6].

2. Einzelschrittverfahren mit beliebiger Ordnung

Wir betrachten nun den Fall, daß die Reihenfolge, in der die Komponenten abgeändert werden (auch *Ordnung* des Verfahrens genannt), nicht mehr zyklisch ist, sondern beliebig vorgegeben. Da es keine Zyklen mehr gibt, ist es sinnvoller, die Iterationspunkte nach den Einzelschritten zu numerieren. Wenn $i(k) \in \{1, \ldots, i, \ldots, n\}$ $(k = 0, 1, \ldots)$ eine beliebig vorgegebene Ordnung ist, so wird im k-ten Einzelschritt, der von x^k zu x^{k+1} führt, die $i(k)$-te Komponente abgeändert; alle übrigen Komponenten bleiben unverändert. Damit werden wir auf die folgende Iterationsvorschrift für das Einzelschrittverfahren mit der Ordnung $i(k)$ geführt:

$$x_j^{k+1} = x_j^k \quad \text{für} \quad j \neq i(k), \qquad x_{i(k)}^{k+1} \in \mathcal{N}_{i(k)}(x^k) \quad \text{beliebig}, \tag{19}$$

wobei $\mathcal{N}_i(x)$ wieder den Bedingungen (α) und (β) genügt. Wenn $i(k) = i$, so werden wir dafür kurz sagen, daß in x^k die i-te Komponente behandelt werde. Für das Einzelschrittverfahren mit Ordnung $i(k)$ gilt

Satz 2: *Zusätzlich zu* (V) *sei F streng konvex. Wenn $\bar{x}$ ein Häufungspunkt der Folge $\{x^k\}$ ist, so ist $\bar{x}$ minimal bezüglich aller Komponenten, die auf der Folge $\{x^k\}$ unendlich oft behandelt werden.*

Wir skizzieren die einzelnen Beweisschritte:

– $\bar{x}$ ist minimal bezüglich aller Komponenten, die auf einer gegen $\bar{x}$ konvergenten Teilfolge unendlich oft behandelt werden. Sei nämlich x^{k_l} eine Teilfolge derart, daß $x^{k_l} \to \bar{x}$ und $i(k_l) = i$ für alle k_l. Aus Kompaktheitsgründen können wir die Teilfolge sogar so wählen, daß $x^{k_l+1} \to \bar{y}$. Aus (19) folgt im limes unter Verwendung von

$$F(\bar{y}) = F(\bar{x}) \quad - \text{vgl. (8)} -, \text{ daß} \quad \bar{y}_i \in \mathcal{N}_i(\bar{x}), \quad F(\bar{x}_{i-}, \bar{y}_i, \bar{x}_{i+}) = F(\bar{x}).$$

$\bar{x}$ ist also i-minimal.

– Wir zerlegen $x = (x_A, x_B)$, wobei $x_A(x_B)$ diejenigen Komponenten umfaßt, bezüglich derer $\bar{x}$ minimal (nicht minimal) ist. Analog $X = X_A \times X_B$. Nach den Hilfssätzen 1 und 2 gilt

$$(x_A - \bar{x}_A)^T \nabla_{x_A} F(\bar{x}) \geqq 0 \;\forall\; x_A \in X_A. \tag{20}$$

– Es gibt eine Umgebung U von $\bar{x}$ in X derart, daß in U nur solche Komponenten behandelt werden, die zugleich auch auf einer gegen $\bar{x}$ konvergenten Teilfolge behandelt werden. Bezüglich dieser Komponenten ist aber $\bar{x}$ minimal. Somit werden in U nur Komponenten aus x_A behandelt, d. h.

$$x^k \in U \Rightarrow x_B^{k+1} = x_B^k. \tag{21}$$

– Es sei für $\theta \geqq 0$

$$V_\theta = \{x \in X \mid F(x) - F(\bar{x}) \leqq \theta,\; (x - \bar{x})^T \nabla F(\bar{x}) \geqq -\theta\}.$$

V_0 besteht wegen der strengen Konvexität von F nur aus $\bar{x}$. Die Mengen V_θ sind für $\theta > 0$ Umgebungen von $\bar{x}$ in X, die mit $\theta \to 0$ gegen $V_0 = \{\bar{x}\}$ kontrahieren. Wir wählen $\theta > 0$ so klein, daß

$$V_\theta \subseteq U.$$

– Wir wählen K so groß, daß für alle $k \geqq K$ gilt

$$F(x^k) - F(\bar{x}) \leqq \theta \tag{22}$$

(dies ist möglich, weil $F(x^k)$ monoton fallend gegen $F(\bar{x})$ strebt). Wir wählen ein $k \geqq K$ derart, daß

$$x^k \in V_\theta\,, \tag{23}$$

$$(x_B^k - \bar{x}_B)^T \nabla_{x_B} F(\bar{x}) \geqq -\theta\,. \tag{24}$$

— Aus $x^k \in V_\theta \subseteq U$ folgt nach (21) $x_B^{k+1} = x_B^k$. Somit folgt aus (24)

$$(x_B^{k+1} - \bar{x}_B)\,\nabla_{x_B} F(\bar{x}) \geqq -\theta\,, \tag{25}$$

und aus (20)

$$(x_A^{k+1} - \bar{x}_A)\,\nabla_{x_A} F(\bar{x}) \geqq 0\,.$$

Addition dieser beiden Ungleichungen liefert

$$(x^{k+1} - \bar{x})\,\nabla F(\bar{x}) \geqq -\theta\,.$$

Aus (22) folgt

$$F(x^{k+1}) - F(\bar{x}) \leqq \theta\,.$$

Somit ist auch $x^{k+1} \in V_\theta$, und x^{k+1} erfüllt die gleichen Voraussetzungen (23), (24), wie x^k.

— Wiederholung dieses Arguments liefert insbesondere, daß $x^{k+h} \in V_\theta \subseteq U\ \forall\ h \geqq 0$. Da aber in U nur Komponenten aus x_A behandelt werden dürfen, müssen alle Komponenten, die unendlich oft behandelt werden, in x_A enthalten sein; bezüglich dieser Komponenten ist also $\bar{x}$ minimal. q.e.d.

3. Anwendung auf duale Probleme

Wir untersuchen nun die Anwendbarkeit des zyklischen Einzelschrittverfahrens auf duale Programme. Gegeben sei eine reellwertige Funktion

$$\Phi(x, u) : X \times U \to \mathbb{R}\,.$$

Mittels der beiden erweitert-reellwertigen Funktionen

$$M(x) = \sup_{u \in U} \Phi(x, u)\,, \qquad m(u) = \inf_{x \in X} \Phi(x, u)$$

bildet man das duale Programmpaar

$$P : \min \{M(x) \mid x \in X,\ M(x) < \infty\}\,, \qquad D : \max \{m(u) \mid u \in U,\ m(u) > -\infty\}\,.$$

Offensichtlich gilt stets

$$M(x) \geq \Phi(x, u) \geq m(u) \qquad \forall\ x \in X\,, \qquad \forall\ u \in U\,.$$

Aus

$$\hat{x} \in X\,, \qquad \hat{u} \in U\,, \qquad M(\hat{x}) \leqq m(\hat{u}) \tag{26}$$

folgt daher

$$\hat{x} \text{ löst } P\,, \qquad \hat{u} \text{ löst } D \tag{27}$$

sowie

$$\hat{x} \text{ löst } \min \{\Phi(x, \hat{u}) \mid x \in X\}\,. \tag{28}$$

Wir fragen nach Annahmen, die sicherstellen, daß D durch das zyklische Einzelschrittverfahren gelöst werden kann (d. h. daß (V) erfüllt ist, wobei $-m$ die Rolle von F übernimmt), und daß man mittels einer Lösung von D eine Lösung von P konstruieren kann.

Wir nehmen im folgenden an, daß X bzw. U im $\mathbb{R}^n$ bzw. $\mathbb{R}^m$ liegen, und daß $U = \times_i U_i$ ein cartesisches Produkt ist. Bedingung (V), übertragen auf D, lautet

U sei abgeschlossen und konvex. $m(u)$ sei auf U endlichwertig, konkav und differenzierbar. $S^0 = \{u \in U \mid m(u) \geqq \alpha\}$ sei nichtleer und kompakt für geeignetes $\alpha \in \mathbb{R}$. $\qquad (\mathrm{V_D})$

Wir zeigen, daß die folgenden Annahmen (A)—(C) sicherstellen, daß $(\mathrm{V_D})$ erfüllt ist.

(A): U und X seien konvex und abgeschlossen. $\Phi(x, u)$ sei stetig in (x, u), konkav in u, streng konvex in x. Für alle $u \in U$ existiere $x(u) \in X$ derart, daß $m(u) = \Phi(x(u), u)$.

$x(u)$, die Lösung von $\min \{\Phi(x, u) \mid x \in X\}$, ist wegen der strengen Konvexität von Φ eindeutig. Aus (A) folgt, wie im Anhang bewiesen,

Hilfssatz 3: *$x(u)$ hängt stetig von u ab.*

Damit ist $m(u)$ stetig auf ganz U. $m(u)$ ist ferner konkav, als Infimum einer Familie konkaver Funktionen (entsprechend ist $M(x)$ konvex, als Supremum einer Familie konvexer Funktionen).

(B): $\nabla_u \Phi(x, u)$ existiere und sei stetig auf $X \times U$.

Aus (A) und (B) folgt, wie im Anhang bewiesen,

Hilfssatz 4: *$m(u)$ ist auf U stetig differenzierbar, und es ist $\nabla m(u) = \nabla_u \Phi(x(u), u)$.*

Die folgende Bedingung (C) wollen wir die verallgemeinerte Slater-Bedingung nennen.

(C): Es existiere $(x^0, u^0) \in X \times U$ sowie $\beta \in \mathbb{R}$ derart, daß $\{u \in U \mid u^T t^0 \geqq \beta\}$ für $t^0 = \nabla_u \Phi(x^0, u^0)$ nichtleer und beschränkt ist.

Wenn (C) für einen speziellen Wert $\beta = \beta^0$ erfüllt ist, so auch für beliebiges $\beta \leqq \beta^0$; dies folgt aus einem Satz von Fenchel [7], [8, p. 139] über die Niveaumengen konkaver Funktionen. Aus (C) folgt wegen

$$m(u) \leqq \Phi(x^0, u) \leqq \Phi(x^0, u^0) + (u - u^0)^T t^0 \quad \text{(Stützungleichung)},$$

daß S^0 beschränkt ist für alle $\alpha \geqq \Phi(x^0, u^0) - (u^0)^T t^0 + \beta$.

Damit ist gezeigt, daß die Annahmen (A)—(C) hinreichend sind für die Gültigkeit von (V_D). D hat mindestens eine Optimallösung, und das zyklische Einzelschrittverfahren kann zum Auffinden einer Lösung von D benützt werden. Es ergibt sich nun ohne weitere Annahmen, daß P eine eindeutige Optimallösung besitzt und daß diese sehr einfach zu charakterisieren ist.

Sei $\hat{u}$ eine beliebige Optimallösung von D. Nach Hilfssatz 1, übertragen auf das Maximumproblem D, gilt

$$(u - \hat{u})^T \nabla m(\hat{u}) \leqq 0 \quad \forall u \in U,$$

somit

$$\begin{aligned} \Phi(x(\hat{u}), u) &\leqq \Phi(x(\hat{u}), \hat{u}) + (u - \hat{u})^T \nabla_u \Phi(x(\hat{u}), \hat{u}) \\ &= m(\hat{u}) + (u - \hat{u})^T \nabla m(\hat{u}) \\ &\leqq m(\hat{u}) \quad \forall u \in U, \end{aligned}$$

somit

$$M(x(\hat{u})) = \sup_{u \in U} \Phi(x(\hat{u}), u) \leqq m(\hat{u}).$$

Nach (26), (27) ist also $x(\hat{u})$ Optimallösung von P. Für alle Optimallösungen $\hat{x}$ von P und eine feste Optimallösung $\hat{u}$ von D gilt dann $M(\hat{x}) = m(\hat{u})$, d. h. nach (28) $\hat{x} = x(\hat{u})$. Für festes $\hat{u}$ ist aber $x(\hat{u})$ eindeutig. Somit hat P eine eindeutige Optimallösung $\hat{x}$. Wenn $m(u^n) \to \max_{u \in U} m(u)$ für eine Folge $\{u^n\} \subseteq U$, so konvergiert, wie man leicht sieht, $x(u^n) \to \hat{x}$.

Wir fassen zusammen.

Satz 3: *Unter den Annahmen* (A), (B), (C) *hat* D *Optimallösungen. Das zyklische Einzelschrittverfahren ist auf* D *anwendbar.* P *hat eine eindeutige Optimallösung $\hat{x} = x(\hat{u})$, wo $\hat{u}$ irgendeine Optimallösung von* D *ist.*

Wir spezialisieren nun die vorangehenden Ergebnisse auf den Fall, daß

$$\Phi(x, u) = F(x) + u^T f(x), \tag{29}$$

U ein abgeschlossener, konvexer Kegel mit Scheitel im Nullpunkt ist. Hierbei ist $f\colon \mathbb{R}^n \to \mathbb{R}^m$. Mit dieser Festsetzung gilt offenbar für $x \in X$

$$M(x) = \begin{cases} F(x), & \text{wenn} \quad f(x) \in U^-, \\ +\infty & \text{sonst}, \end{cases}$$

wobei $U^- = \{t \mid t^T u \leqq 0 \;\; \forall u \in U\}$. P hat dann die Form

$$P\colon \min \{F(x) \mid x \in X,\; f(x) \in U^-\}. \tag{30}$$

Forderung (A) ist offenbar erfüllt, wenn wir annehmen:

(A'): X sei konvex und kompakt. f sei auf X komponentenweise konvex und stetig. F sei auf X streng konvex und stetig.

Forderung (B) ist automatisch erfüllt, $\nabla_u \Phi(x, u) = f(x)$. Forderung (C) besagt dann, daß mit $t^0 = f(x^0)$ die Menge $\{u \in U \mid u^T t^0 \geqq 0\}$ kompakt sein soll, d. h. nur aus dem Nullpunkt bestehen darf. Dies ist, wie aus der Theorie der konvexen Kegel bekannt, gleichwertig damit, daß t^0 ein innerer Punkt von U^- ist. Forderung (C) erhält also folgende Form:

(C'): Es existiere $x^0 \in X$ derart, daß $f(x^0) \in \operatorname{int} U^-$.

Dies ist die übliche Slater-Bedingung für (30), die auch bei anderen Fragestellungen in der konvexen Optimierung eine wichtige Rolle spielt. Unter (A'), (C') können wir (30) lösen, indem wir auf das Duale von (30) das zyklische Einzelschrittverfahren anwenden.

Ein Teil der Fragestellungen dieses Abschnitts findet sich auch in [9] behandelt.

4. Der quadratische Fall

Das Verfahren der zyklischen Minimierung zur Bestimmung des freien Minimums der streng konvexen quadratischen Funktion $Q(x) = \frac{1}{2} x^T G x + h^T x$ fällt zusammen mit dem Gauss-Seidel-Verfahren zur Lösung des linearen Gleichungssystems $\nabla Q(x) \equiv G x + h = 0$. Wir betrachten nun das eingeschränkte Gauss-

SEIDEL-Verfahren [10], d. h. die Anwendung der zyklischen Minimierung zur Lösung von

$$\min\left\{Q(x) = \frac{1}{2} x^T G x + h^T x \mid \mu \leqq x\right\}. \tag{31}$$

Hierbei sei $x = (x_1, \ldots, x_n) \in R^n$, $G = G^T$ positiv-semidefinit. Die Menge $\{x \geqq \mu \mid Q(x) \leqq Q(x^0)\}$ sei beschränkt. Für die Diagonalelemente von G gelte außerdem noch $g_{ii} > 0$. Aus Hilfssatz 1 folgt leicht als notwendige und hinreichende Bedingung dafür, daß $x \geqq \mu$ i-minimal ist, die Gültigkeit von

$$\frac{\partial Q(x)}{\partial x_i} \equiv \sum_j g_{ij} x_j + h_i \begin{cases} = 0, & \text{wenn} \quad x_i > \mu_i \\ \geqq 0, & \text{wenn} \quad x_i = \mu_i. \end{cases} \tag{32}$$

Das Verfahren der zyklischen Minimierung bestimmt x_i^{k+1} so, daß

$$(x_{i-}^{k+1}, x_i^{k+1}, x_{i+}^k) \quad i\text{-minimal ist}. \tag{33}$$

Das ergibt

$$x_i^{k+1} = N_i(x_{i-}^{k+1}, x_i^k, x_{i+}^k)$$

mit

$$N_i(x) = \max\{\mu_i, \varrho_i(x)\}, \qquad \varrho_i(x) = -(g_{ii})^{-1}\Big(\sum_{j \neq i} g_{ij} x_j + h_i\Big). \tag{34}$$

Es ist nämlich $\frac{\partial}{\partial x_i} Q(x_{i-}, \varrho_i(x), x_{i+}) = 0$. Ist nun $\varrho_i(x) < \mu_i$, so gilt wegen der Monotonie von $\frac{\partial Q}{\partial x_i}$, daß $\frac{\partial}{\partial x_i} Q(x_{i-}, N_i(x), x_{i+}) \geqq 0$. Damit erfüllt $(x_{i-}, N_i(x), x_{i+})$ die Bedingung (32), x_i^{k+1} also (33). Setzen wir noch voraus, daß (31) eine eindeutige Optimallösung $\hat{x}$ hat, so gilt für dieses Verfahren

Satz 4: *Es gibt eine Konstante $\varrho < 1$ derart, daß*

$$Q(x^{k+1}) - Q(\hat{x}) \leqq \varrho \cdot (Q(x^k) - Q(\hat{x})) \quad \forall\, k.$$

Wir skizzieren den Beweis:

— Durch eine Translation und Addition einer Konstanten zur Zielfunktion können wir, ohne das Konvergenzverhalten zu ändern, erreichen, daß $\hat{x} = 0$, $Q(\hat{x}) = 0$. Die Optimalität von $\hat{x} = 0$ bedingt nach (32), daß

$$\mu_i \leqq 0, \qquad h_i \geqq 0, \qquad \mu_i h_i = 0 \qquad (i = 1, \ldots, n). \tag{35}$$

— Für diejenigen i mit $h_i > 0$, $\mu_i = 0$ gilt $\varrho_i(0) < 0$, somit aus Stetigkeitsgründen $N_i(x) = \mu_i = 0$ für alle x in einer gewissen Umgebung des Nullpunkts. Da x^k gegen $\hat{x} = 0$ konvergiert, folgt für diese Komponenten $x_i^k = 0$ $\forall\, k \geqq K$. Wir können uns diejenigen Komponenten, die für $k \geqq K$ stets den Wert Null haben, von vornherein ausgeschieden denken. In den verbleibenden Komponenten ist wegen $h_i = 0$ die Funktion Q quadratisch-homogen um $\hat{x} = 0$:

$$Q(\lambda t) = \lambda^2 Q(t) \;\forall\, \lambda.$$

Ferner ist $\varrho_i(x)$ rein linear.

— Für diejenigen i mit $h_i = 0$, $\mu_i < 0$ gilt $\varrho_i(0) = 0 > \mu_i$, somit aus Stetigkeitsgründen $N_i(x) = \varrho_i(x)$ für alle x in einer gewissen Umgebung des Nullpunkts. Die Nebenbedingung $x_i \geqq \mu_i$ kommt also für $k \geqq K$ gar nicht mehr zum Tragen. Wir können uns daher für diese i von vornherein $\mu_i = -\infty$ gesetzt denken. Sei $\tilde{X}$ der derart erweiterte zulässige Bereich. Für diejenigen i mit $h_i = 0$, $\mu_i = 0$ gilt $N_i(x) = \max\{0, \varrho_i(x)\}$. Somit gilt für die verbleibenden Komponenten entweder $N_i(x) = \varrho_i(x)$ oder $N_i(x) = \max\{0, \varrho_i(x)\}$, wobei ϱ_i rein linear. Hieraus folgt $N_i(\lambda t) = \lambda N_i(t)$ $\forall\, \lambda \geqq 0$.

— Es sei $T_i(x) = (x_{i-}, N_i(x), x_{i+})$, $T = T_n T_{n-1} \cdots T_1$. Dann ist $x^{k+1} = T(x^k)$, und es gilt auch

$$T(\lambda t) = \lambda T(t) \;\forall\, \lambda \geqq 0.$$

Entsprechend Corollar 1 gilt $Q(T(x)) < Q(x)$ $\forall\, x \neq \hat{x}$.

— Sei

$$S = \{t \in \tilde{X} \mid Q(t) = 1\}.$$

Es gilt, weil S nicht die Optimallösung $\hat{x}$ enthält, und weil T stetig und S kompakt ist,

$$Q(T(t)) \leqq \varrho < 1 \;\forall\, t \in S.$$

Jedes $x \in \tilde{X}$ läßt sich in der Form $x = \lambda t$, $t \in S$, $\lambda \geqq 0$ darstellen. Damit

$$Q(x) = Q(\lambda t) = \lambda^2 Q(t) = \lambda^2 \;\forall\, x \in \tilde{X},$$

$$Q(T(x)) = Q(T(\lambda t)) = \lambda^2 Q(T(t)) \leqq \lambda^2 \varrho \;\forall\, x \in \tilde{X},$$

$$Q(T(x)) \leqq \varrho\, Q(x) \;\forall\, x \in \tilde{X},$$

$$Q(x^{k+1}) \leqq \varrho\, Q(x^k).$$

Wegen $Q(\hat{x}) = 0$ folgt die Behauptung des Satzes. q.e.d.

Wir wollen nun Satz 4 auf das HILDRETH-Verfahren der quadratischen Programmierung anwenden. Dazu setzen wir in (29)

$$X = R^n, \qquad U = \{u \in R^m \mid u \geqq 0\}, \qquad \Phi(x, u) = \frac{1}{2} x^T C x + d^T x + u^T (A x + b),$$

wobei $C = C^T$ positiv definit. (30) wird dann zu

$$P\colon \min \left\{ F(x) = \frac{1}{2} x^T C x + d^T x \mid A x + b \leqq 0 \right\} . \tag{36}$$

Forderung (A) des vorangehenden Abschnitts ist erfüllt; $x(u)$ existiert für alle $u \geqq 0$ und wird durch Nullsetzen des Gradienten gefunden: $\nabla_x \Phi(x, u) \equiv C x + d + A^T u = 0$. Das ergibt

$$x(u) = - C^{-1} (A^T u + d) .$$

Einsetzen liefert

$$m(u) = \Phi(x(u), u) = - \frac{1}{2} u^T G u - h^T u - \alpha ,$$

wobei

$$G = A C^{-1} A^T , \qquad h = A C^{-1} d - b , \qquad \alpha = \frac{1}{2} d^T C^{-1} d .$$

Somit lautet D, bis auf eine additive Konstante in der Zielfunktion,

$$D\colon \max \left\{ Q(u) = - \frac{1}{2} u^T G u - h^T u \mid u \geqq 0 \right\} . \tag{37}$$

Die Matrix G ist positiv semidefinit, mit $g_{ii} = a_i^T C^{-1} a_i > 0$. Bedingung (C') fordert die Existenz von x^0 derart, daß $A x^0 + b < 0$. Wenn sie erfüllt ist, so gilt Satz 3, d. h. man kann auf (37) das Verfahren der zyklischen Maximierung anwenden (das in diesem Fall das eingeschränkte Gauss-Seidel-Verfahren ist), und $x(u^k)$ konvergiert gegen die Lösung von (36). Dies ist das Verfahren von Hildreth und D'Esopo zur Lösung von (36) [11, p. 73—77]. Ist $\hat{u}$ eindeutig, so gilt auch Satz 4, und das Verfahren konvergiert linear. Damit haben wir eine Antwort auf die Frage nach der Konvergenzgeschwindigkeit des Hildreth-Verfahrens, die in [12] nur näherungsweise beantwortet wurde. $\hat{u}$ ist übrigens eindeutig, wenn diejenigen Zeilen von A, für die $a_i^T \hat{x} + b_i = 0$ gilt, linear unabhängig sind.

Anhang

Beweis von Hilfssatz 1: a) Sei (2) erfüllt. Wenn $F(\xi) - F(\hat{x}) \leqq - \varepsilon < 0$, so folgt hieraus mit $x_\lambda = \hat{x} + \lambda (\xi - \hat{x})$ $(0 < \lambda \leqq 1)$ unter Verwendung der Konvexität von F, der Differenzierbarkeit von F, und wegen (2)

$$\begin{aligned} - \lambda \varepsilon &\geqq \lambda \cdot (F(\xi) - F(\hat{x})) \geqq F(x_\lambda) - F(\hat{x}) = \lambda (\xi - \hat{x})^T \nabla F(\hat{x}) + \lambda \cdot \chi(\lambda) \\ &\geqq \lambda \cdot \chi(\lambda) . \end{aligned}$$

Damit ergibt sich $\chi(\lambda) \leqq - \varepsilon$, ein Widerspruch für genügend kleines $\lambda > 0$. Somit gilt (1). b) Sei (1) erfüllt. Wenn $(\xi - \hat{x})^T \nabla F(\hat{x}) \leqq - \varepsilon < 0$, so folgt unter Verwendung der Differenzierbarkeit von F

$$\begin{aligned} 0 &\leqq F(x_\lambda) - F(\hat{x}) = \lambda (\xi - \hat{x})^T \nabla F(\hat{x}) + \lambda \cdot \chi(\lambda) \\ &\leqq - \lambda \varepsilon + \lambda \cdot \chi(\lambda) . \end{aligned}$$

Damit ergibt sich $\chi(\lambda) \geqq \varepsilon$, ein Widerspruch für genügend kleines $\lambda > 0$. Somit gilt (2).

Beweis von Hilfssatz 2: Aus (3) folgt nach Hilfssatz 1 als notwendige Bedingung $(\xi_i - \hat{x}_i)^T \nabla_{x_i} F(\hat{x}) \geqq 0 \ \forall \ \xi_i \in X_i$ für alle i. Addition dieser Ungleichungen liefert $(\xi - \hat{x})^T \nabla F(\hat{x}) \geqq 0 \ \forall \ \xi \in X$, und dies ist nach Hilfssatz 1 hinreichend für (4).

Beweis von Hilfssatz 3: Sei $\bar{u} \in U$, $\bar{x} = x(\bar{u})$, $\theta > 0$ beliebig. Wir definieren

$$S = \{x \in X \mid |x - \bar{x}| \leqq \theta\}, \partial S = \{x \in X \mid |x - \bar{x}| = \theta\} .$$

∂S sei zunächst nicht leer. Wegen der Abgeschlossenheit von X ist ∂S kompakt. Wegen der Eindeutigkeit von $x(\bar{u})$, der Stetigkeit von φ, und der Kompaktheit von ∂S folgt

$$\varphi(\xi, \bar{u}) - \varphi(\bar{x}, \bar{u}) \geqq \eta > 0 \ \forall \ \xi \in \partial S .$$

Die Funktion $\psi(u) = \min\limits_{\xi \in \partial S} (\varphi(\xi, u) - \varphi(\bar{x}, u))$ ist stetig auf U. Wegen $\psi(\bar{u}) \geqq \eta > 0$ gibt es eine Umgebung $V(\bar{u})$ derart, daß $\psi(u) \geqq 0 \ \forall \ u \in V(\bar{u})$. Für beliebiges $u \in V(\bar{u})$ gilt also $\varphi(\xi, u) \geqq \varphi(\bar{x}, u) \ \forall \ \xi \in \partial S$. Hieraus folgt aber

$$\varphi(x, u) > \varphi(\bar{x}, u) \ \forall \ x \in X \backslash S . \tag{38}$$

Gäbe es nämlich ein $x \in X \backslash S$ mit $\varphi(x, u) \leqq \varphi(\bar{x}, u)$, so wäre, wegen der strengen Konvexität von φ, $\varphi(\xi, u) < \varphi(\bar{x}, u)$ für alle ξ auf der offenen Strecke $(\bar{x}, x)$, insbesondere also für ein ξ aus ∂S. Aus (38) folgt, daß $x(u) \in S$. Wenn also $u \in V(\bar{u})$, so gilt $|x(u) - x(\bar{u})| \leqq \theta$. Das gleiche Resultat ergibt sich, wenn ∂S leer ist; dann ist nämlich $X \subseteq S$. Somit ist $x(u)$ stetig.

Beweis von Hilfssatz 4: Wegen der Konkavität von φ in u gilt die Stützungleichung

$$\varphi(x, \eta) - \varphi(x, u) \leqq (\eta - u)^T \nabla_u \varphi(x, u) \ \forall \ \eta \in U .$$

Hieraus folgt für beliebiges $u \in U$

$$\begin{aligned} m(\eta) - m(u) &= \inf_{x \in X} \varphi(x, \eta) - \varphi(x(u), u) \leqq \varphi(x(u), \eta) - \varphi(x(u), u) \\ &\leqq (\eta - u)^T \nabla_u \varphi(x(u), u) \qquad \forall \ \eta \in U . \end{aligned}$$

Wir setzen zur Abkürzung $t(u) = \nabla_u \varphi(x(u), u)$. Dann gilt also

$$m(\eta) - m(u) \leqq (\eta - u)^T t(u) \qquad \forall \ \eta \in U . \tag{39}$$

Vertauschung von η und u und Anwendung der Schwarz'schen Ungleichung liefert hieraus

$$\begin{aligned} m(u) - m(\eta) &\leqq (u - \eta)^T t(\eta) \\ &\leqq (u - \eta)^T t(u) + |u - \eta| \, |t(\eta) - t(u)| , \end{aligned}$$

d. h.

$$m(\eta) - m(u) \geqq (\eta - u)^T t(u) + |\eta - u| \, \chi(\eta - u) , \tag{40}$$

wobei $\lim\limits_{\eta \to u} \chi(\eta - u) = 0$ wegen der Stetigkeit von t. Aus (39) und (40) folgt, daß m differenzierbar ist, und $\nabla m(u) = t(u)$.

Literatur

1 Warga, J., Minimizing certain convex functions. SIAM J. Appl. Math. **11**, 588–593 (1963).
2 Berge, C., Ghouila-Houri, A., Programmes, jeux et réseaux de transport. Dunod, Paris, 1962.
3 Zangwill, W. I., Nonlinear Programming. Prentice-Hall, Englewood Cliffs, N. J., 1969.
4 Goldstein, A. A., Constructive Real Analysis. Harper & Row, New York, 1967.
5 Céa, J., Optimisation. Dunod, Paris, 1971.
6 Schechter, S., Minimization of a convex function by relaxation. In: Integer and Nonlinear Programming (J. Abadie ed.), North-Holland, Amsterdam, 1970, pp. 177–189.
7 Fenchel, W., Über konvexe Funktionen mit vorgeschriebenen Niveaumannigfaltigkeiten. Math. Z. **63**, 496–506 (1956).
8 Stoer, J., Witzgall, C., Convexity and Optimization in Finite Dimensions I. Springer, Berlin, 1970.
9 Gebauer-Waldmeier, V., Beiträge zur zyklischen Relaxation in der konvexen Programmierung. Dissertation, Universität Zürich, 1971.
10 Céa, J., Recherche numérique d'un optimum dans un espace produit. In: Colloquium on Methods of Optimization (Lecture Notes in Mathematics, 112), Springer, Berlin, 1970, pp. 33–50.
11 Künzi, H. P., Krelle, W., Nichtlineare Programmierung. Springer, Berlin, 1962.
12 Wendler, K., Beiträge zum Hildreth-Verfahren und zur ε-Störung quadratischer und linearer Optimierungsaufgaben. Dissertation, Universität Bonn, 1969.

Eingereicht am 2. 7. 1973

Anschrift: Prof. Dr. W. Oettli, Lehrstuhl für Mathematik VII, Universität Mannheim, D-68 Mannheim, Schloß, BRD

ZAMM 54, 353–358 (1974)

R. Hass / H. Kreth

Stabilität und Konvergenz von Mehrschrittverfahren zur numerischen Lösung quasilinearer Anfangswertprobleme

In der vorliegenden Arbeit wird eine hinreichende Bedingung für die Konvergenz expliziter Mehrschrittverfahren zur numerischen Lösung von Anfangswertaufgaben gewisser quasilinearer partieller Differentialgleichungen angegeben. Die Darstellung schließt sich weitgehend an die von P. D. Lax und R. D. Richtmyer im Jahre 1956 in [8] für lineare entwickelte und von R. Ansorge im Jahre 1967 in [1] auf halblineare erweiterte und im Jahre 1969 in [2] für quasilineare Probleme formulierte Theorie an.

In this paper a sufficient criterion is given for the convergence of explicit multistep methods for initial-value problems of certain quasilinear partial differential equations. We use the general approach developed by P. D. Lax and R. D. Richtmyer in 1956 (c.f. [8]) for linear problems and extended by R. Ansorge in 1967 (c.f. [1]) to semilinear and in 1969 (c.f. [2]) in part to quasilinear problems.

В предлагаемой работе приводится достаточное условие сходимости для явных многошажных методов численного решения задач на начальное значение некоторых квазилинейных дифференциальных уравнений с частными производными. Изложенный материал примыкает тесно и теории которая была построена в [8] в 1956 году П. Д. Ляксом и Р. Д. Рихтмайером для линейных задач, затем расширена в [1] в 1967 году Р. Анзоргом на полулинейные задачи и окончательно сформулирована в [2] в 1969 году для квазилинейных проблем.

Einleitung

Über die numerische Behandlung quasilinearer Anfangswertaufgaben mit Differenzenverfahren liegt eine Vielzahl von Arbeiten vor. Dabei behandeln z. B. Courant, Isaacson, Rees [5], Stetter [12], Strang [13], Törnig [14] und Ziegler [15] vornehmlich hyperbolische Aufgaben. Ansorge [2], Kinnebrock [7] und Spijker [11] u. a. bemühen sich um eine typunabhängige Untersuchung approximierender Differenzenverfahren. Diese typunabhängige Behandlung wird auch in dieser Arbeit beibehalten. Unter einer teils schwächeren, teils stärkeren Stabilitätsforderung als in [2], dafür jedoch schwächeren Regularitätsforderung an das Differenzenverfahren als in [2], [7] und [11] wird in vorliegender Arbeit in weitgehender Analogie zu dem in [6] behandelten halblinearen Fall der globale Verfahrensfehler unter Einbeziehung von Rechenstörungen abgeschätzt und mit der Konsistenz die Konvergenz des Verfahrens gefolgert. Dabei werden überdies sehr allgemeine Anfangsfelder zugelassen.

Differenzenverfahren

In einem normierten Raum $\mathfrak{M}$ über R wird eine einparametrige Schar $u(t)$ von Elementen gesucht, die dort bezüglich der in $\mathfrak{M}$ gegebenen Norm der quasilinearen Anfangswertaufgabe

$$u_t = F(t, u)\, u + G(t)\, u\,, \qquad 0 \leqq t \leqq T\,, \qquad u(0) = u_0 \tag{1}$$

genügt. $G(t)$ seien dabei für jedes feste $t \in [0, T]$ lokal gleichgradig LIPSCHITZstetige Operatoren von $\mathfrak{M}$ in sich und $F(t, u)$ für jedes feste $t \in [0, T]$ und jedes feste $u \in \mathfrak{M}$ lineare Operatoren eines Teilraums $\mathfrak{F}$ von $\mathfrak{M}$ in $\mathfrak{M}$. $\mathfrak{F}$ sei nichtleer und von den Variablen t und u unabhängig. $\mathfrak{A}$ sei die Menge der Anfangselemente $u_0 \in \mathfrak{M}$, für die die Anfangswertaufgabe (1) eindeutig lösbar ist. Man nehme nun ein $u_0 \in \mathfrak{A}$ beliebig fest. Die zugehörige Lösung $u(.)$ sei gleichmäßig beschränkt. Es gebe also eine von t unabhängige Konstante r mit

$$||u(t)|| \leqq r \qquad \forall\, t \in [0, T]\,. \tag{2}$$

$\mathfrak{G}$ sei eine abgeschlossene Kugel um das Nullelement mit Radius $s > r$. Da die Operatoren $G(t)$ lokal gleichgradig LIPSCHITZstetig sind, gibt es eine von t unabhängige Konstante L mit

$$||G(t)\, v - G(t)\, w|| \leqq L\, ||v - w|| \tag{3}$$

für alle $v, w \in \mathfrak{G}$ und für alle $t \in [0, T]$.

Die Anfangswertaufgabe (1) soll numerisch durch ein explizites Differenzenverfahren der Form[1])

$$u_{n+k} + \sum_{\nu=0}^{k-1} A_\nu(t_{n+\nu}, h, u_{n+\nu})\, u_{n+\nu} + h \sum_{\nu=0}^{k-1} B_\nu(h)\, G(t_{n+\nu})\, u_{n+\nu} = 0\,, \qquad n = 0, 1, 2, \ldots \tag{4}$$

gelöst werden ($t_n = n\,h$). h sei eine äquidistante Schrittweite in t-Richtung, mit der die nicht notwendig äquidistanten Schrittweiten in Richtung der nicht explizit aufgeführten Ortsvariablen durch gewisse Beziehungen verknüpft seien. u_n sei die gesuchte Näherung für $u(t)$ auf der Schicht $t = t_n$.

Nach Ausdehnung der Differenzengleichung auf Zwischengitterpunkte im Bereich der Ortsvariablen möge das Verfahren (4) bei geeigneter Schrittweitenschranke $h_0 > 0$ folgende Voraussetzungen erfüllen:[2])

---

[1]) siehe [2, S. 218] und [4, S. 116]

[2]) Ganz ähnliche Voraussetzungen finden sich auch in [2, S. 218–219] und [3, S. 116–118].

(V1) $A_\nu(t, h, w)$ seien für jedes feste $t \in [0, T]$, jedes feste $h \in [0, h_0]$ und jedes feste $w \in \mathfrak{G}$ und $\nu = 0, \ldots, k-1$ lineare Operatoren von $\mathfrak{M}$ in sich.

(V2) $B_\nu(h)$ seien für jedes feste $h \in [0, h_0]$ und $\nu = 0, \ldots, k-1$ lineare gleichmäßig beschränkte Operatoren von $\mathfrak{M}$ in sich. Es gebe also reelle Konstanten b_ν mit

$$||B_\nu(h)|| \leqq b_\nu \tag{5}$$

für alle $h \in [0, h_0]$ und $\nu = 0, \ldots, k-1$.

Anmerkung: Die im folgenden auftretende Konstante b ist definiert durch

$$b := \sum_{\nu=0}^{k-1} b_\nu. \tag{6}$$

(V3) Es gebe von t unabhängige Konstanten $\varkappa_\nu$ mit

$$||\big(A_\nu(t, h, v) - A_\nu(t, h, w)\big)\, u(t)|| \leqq \varkappa_\nu\, h\, ||v - w|| \tag{7}$$

für alle $v, w \in \mathfrak{G}$, für alle $t \in [0, T]$ und für alle $h \in [0, h_0]$ und für $\nu = 0, \ldots, k-1$.

Anmerkung: Die im folgenden auftretende Konstante $\varkappa$ ist definiert durch

$$\varkappa := \sum_{\nu=0}^{k-1} \varkappa_\nu. \tag{8}$$

Der übersichtlicheren Schreibweise wegen formulieren wir obiges k-Schrittverfahren in $\mathfrak{M}$ als formales Einschrittverfahren im Produktraum $\widetilde{\mathfrak{M}} = \mathfrak{M}^k$ (vgl. [4] S. 117). Als Norm in $\widetilde{\mathfrak{M}}$ verwenden wir dabei das Maximum der Normen der Komponenten. Die Elemente von $\widetilde{\mathfrak{M}}$ wollen wir im Gegensatz zu den Elementen von $\mathfrak{M}$ mit einer Schlange versehen. Wir setzen

$$\tilde{u}(t_n) = \begin{bmatrix} u(t_{n+k-1}) \\ \cdots \\ u(t_n) \end{bmatrix} \quad \text{und } \tilde{u}_n = \begin{bmatrix} u_{n+k-1} \\ \cdots \\ u_n \end{bmatrix}.$$

Es ist dann

$$\tilde{u}_{n+1} = \big(\tilde{A}(t_n, h, \tilde{u}_n) + h\, \tilde{B}_1(t_n, h)\big)\, \tilde{u}_n =: \tilde{C}(t_n, h, \tilde{u}_n)\, \tilde{u}_n\,, \qquad n = 0, 1, 2, \ldots \tag{9}$$

mit

$$\tilde{A}(t, h, \tilde{w}) := \begin{bmatrix} -A_{k-1}(t + (k-1)h, h, z_{k-1}) \cdots - A_1(t+h, h, z_1) - A_0(t, h, z_0) \\ I \qquad\qquad 0 \\ \qquad 0 \\ \theta \qquad I \qquad \theta \end{bmatrix}$$

$$\tilde{B}_1(t, h) := \begin{bmatrix} -B_{k-1}(h)\, G\,(t + (k-1)h) \cdots - B_1(h)\, G(t+h) - B_0(h)\, G(t) \\ \theta \end{bmatrix}$$

wobei $z_0, \ldots, z_{k-1}$ die Komponenten des Vektors $\tilde{w}$ sind. Für jedes feste $\tilde{w} \in \tilde{\mathfrak{G}} := \mathfrak{G}^k$, jedes feste $t \in [0, T]$ und jedes feste $h \in [0, h_0]$ mit $t + (k-1)h \leqq T$ ist $\tilde{A}(t, h, w)$ ein linearer Operator von $\widetilde{\mathfrak{M}}$ in sich und $\tilde{B}_1(t, h)$ ein lokal gleichgradig Lipschitzstetiger Operator von $\widetilde{\mathfrak{M}}$ in $\widetilde{\mathfrak{M}}$. Es ist wegen (3), (5) und (6)

$$||\tilde{B}_1(t, h)\, \tilde{v} - \tilde{B}_1(t, h)\, \tilde{w}|| \leqq b\, L\, ||\tilde{v} - \tilde{w}|| \tag{10}$$

für alle $\tilde{v}, \tilde{w} \in \tilde{\mathfrak{G}}$, alle $t \in [0, T]$ und alle $h \in [0, h_0]$ mit $t + (k-1)h \leqq T$.

Stabilität, Konsistenz und Konvergenz

Definition: Das Verfahren (4) heißt *L-stabil* auf $\mathfrak{G}$, wenn es eine positive Konstante c gibt mit der Eigenschaft

$$||\prod_{\nu=m}^{n-1} \tilde{A}(t_\nu, h, \tilde{w}_\nu)|| \leqq c \tag{11}$$

für alle $\tilde{w}_\nu \in \tilde{\mathfrak{G}}$, alle $m, n \in \mathbb{N}_0$ mit $0 \leqq m \leqq n$ und alle $h \in [0, h_0]$ mit $t_{n+k-1} \leqq T$.

Diese Definition stimmt im halblinearen Fall mit den in [4] S. 105 und [6] S. 103 angegebenen überein und ist mit den in [9] S. 163 und [10] S. 15 angegebenen für $p = 1$ äquivalent. Die L-Stabilität bedeutet im wesentlichen eine Einschränkung des Schrittweitenverhältnisses. Im Gegensatz zum halblinearen Fall hängt die Schranke im quasilinearen Fall i.a. auch noch von der Menge $\mathfrak{G}$ ab, insbesondere also von der Lösungsschar $u(t)$.

Der in [13] S. 39 bei hyperbolischen Aufgaben formulierte Stabilitätsbegriff ist für viele der dort betrachteten Einschrittverfahren äquivalent mit obiger L-Stabilität, sofern man (11) statt auf $\mathfrak{G}$ lediglich auf der Menge $\{u(t) : t \in [0, T]\}$ fordert. Diese Restriktion macht dann aber in dem dort geführten Konvergenznachweis hohe Differenzierbarkeitsvoraussetzungen an die Verfahren erforderlich.

Hinreichend für die L-Stabilität auf $\mathfrak{S}$ ist die Existenz einer Konstanten γ mit

$$\|\tilde{A}(t_n, h, \tilde{w})\| \leqq 1 + \gamma h \tag{12}$$

für alle $\tilde{w} \in \tilde{\mathfrak{S}}$, alle $n \in \mathbb{N}_0$ und alle $h \in [0, h_0)$ mit $t_{n+k-1} \leqq T$.

Eine ähnliche Bedingung findet sich für hyperbolische Systeme erster Ordnung in [14] S. 364 und [15] S. 205 als Stabilitätsdefinition. In [2] S. 219 und [4] S. 119 dient (12) eingeschränkt auf die Menge $\{u(t)\}$ als Stabilitätsbegriff; diese Abschwächung der Stabilitätsforderung macht dort aber die Voraussetzung der Existenz einer Konstanten K mit

$$\|(\tilde{A}(t, h, \tilde{v}) - \tilde{A}(t, h, \tilde{w}))\tilde{u}\| \leqq K\|\tilde{u}\| \, \|\tilde{v} - \tilde{w}\|$$

für alle $\tilde{v}, \tilde{w} \in \tilde{\mathfrak{S}}$, alle $\tilde{u} \in \tilde{\mathfrak{M}}$, alle $t \in [0, T]$ und alle $h \in [0, h_0]$ mit $t + (k-1) h \leqq T$ nötig.

Definition: Das Verfahren (4) heißt *konsistent* bezüglich u_0, wenn bei geeignetem $h_1 \in (0, h_0]$ für alle $h \in [0, h_1]$ und alle $t \in [0, T]$ mit $t + k h \leqq T$ ein (von t unabhängiges) Funktional $\eta_1(h)$ mit $\lim_{h \to 0} \eta_1(h) = 0$ existiert, so daß für den *lokalen Fehler* gilt:

$$\|\tilde{C}(t, h, \tilde{u}(t))\, \tilde{u}(t) - \tilde{u}\,(t + h)\| \leqq h\, \eta_1(h)\,. \tag{13}$$

Definition: Das Verfahren (4) heißt *L-konvergent* bezüglich u_0, wenn bei geeignetem $h_3 \in (0, h_0]$ für alle $m, n \in \mathbb{N}_0$ mit $0 \leqq m \leqq n$ und alle $h \in [0, h_3]$ mit $t_{n+k-1} \leqq T$ ein (von t unabhängiges) Funktional $\eta_3(h)$ mit $\lim_{h \to 0} \eta_3(h) = 0$ existiert, so daß der *globale Fehler* die Bedingung erfüllt:

$$\Big\| \prod_{\nu = m}^{n-1} \tilde{C}(t_\nu, h, \tilde{u}^m_{\nu - m})\, \tilde{u}^m_0 - \tilde{u}(t_n) \Big\| \leqq \eta_3(h) \tag{14}$$

für alle zulässigen Anfangselemente $\tilde{u}^m_0$, d. h. für alle $\tilde{u}^m_0 \in \tilde{\mathfrak{M}}$, für die bei geeignetem $h_2 \in (0, h_0]$ ein (von t unabhängiges) $\eta_2(h)$ mit $\lim_{h \to 0} \eta_2(h) = 0$ existiert, so daß

$$\|\tilde{u}^m_0 - \tilde{u}(t_m)\| \leqq \eta_2(h)\,. \tag{15}$$

Die Elemente $\tilde{u}^m_0$ bezeichnen Näherungen für $\tilde{u}(t_m)$ und allgemein die Elemente $\tilde{u}^m_{n-m} := \prod_{\nu = m}^{n-1} \tilde{C}(t_\nu, h, \tilde{u}^m_{\nu - m})\, \tilde{u}^m_0$ Näherungen für $\tilde{u}(t_n)$. Der obere Index 0 wird dabei im allgemeinen fortgelassen.

Diese Definition stimmt im halblinearen Fall mit der in [6] S. 104 angegebenen überein.

Aus der L-Konvergenz folgert man mit $m = 0$ die in [3] S. 19 und [4] S. 113 definierte stabile Konvergenz und weiter die in [9] S. 167 und [10] S. 18 angegebene Konvergenz; fordert man von dem Funktional $\eta_3(h, u_0)$ noch die Eigenschaft

$$\eta_3(h) = O(h^\sigma) \quad \text{für } h \to 0 \text{ mit einem } \sigma > 0\,, \tag{16}$$

so erhält man im Falle hyperbolischer Aufgaben auch den in [15] S. 204 formulierten Konvergenzbegriff.

Konvergenzsatz

Wir wollen nun den globalen Fehler des Verfahrens unter Einbeziehung von Rechenstörungen abschätzen. Wir betrachten also durch

$$\tilde{v}^m_{n-m} = C(t_{n-1}, h, \tilde{v}^m_{n-1-m})\, \tilde{v}^m_{n-1-m} + \delta^m_{n-1-m}\,, \qquad n = m + 1, m + 2, \ldots \tag{17}$$

definierte Folgen. Hinsichtlich der zulässigen Größe von Rechenstörungen setzen wir voraus, daß ein Funktional $\eta_0(h)$ mit $\lim_{h \to 0} \eta_0(h) = 0$ existiert derart, daß

$$\|\delta^m_{n-m}\| \leqq h\, \eta_0(h) \tag{18}$$

für alle $m, n \in \mathbb{N}_0$ und alle $h \in [0, h_2]$ mit $t_{n+k-1} \leqq T$. Wir gehen im folgenden nur noch von Schrittweiten $h \in [0, H]$ aus mit

$$H \leqq \min\,\{h_0, h_1, h_2\}\,. \tag{19}$$

H nehmen wir dabei so klein, daß das Funktional

$$\eta(h) := \max\,\{\eta_0(h) + \eta_1(h), \eta_2(h)\} \leqq \frac{s - r}{(1 + T)\, M} \tag{20}$$

$$\text{mit } M := c \exp{(N\,T)} \quad \text{und} \quad N := c\,(\varkappa + b\,L). \tag{21}$$

Satz: *Die Anfangswertaufgabe* (1) *sei für $u_0 \in \mathfrak{M}$ eindeutig lösbar. Für dieses u_0 gelte* (2). *Ist das Differenzenverfahren* (4) *zur Approximation dieser Anfangswertaufgabe unter den Voraussetzungen* (V1), (V2) *und* (V3) *L-stabil auf der in* (3) *genannten Kugel $\mathfrak{S}$ und konsistent bezüglich dieses u_0, so ist das Verfahren auch L-konvergent bezüglich dieses u_0.*

Man erhält nämlich unter Berücksichtigung von Rechenstörungen für den globalen Fehler des Verfahrens

$$\begin{aligned} \|\tilde{v}^m_{n-m} - \tilde{u}(t_n)\| &\leqq c\, \frac{e^{N\,T} - 1}{N}\, \big(\eta_0(h) + \eta_1(h)\big) + c\, e^{N\,T}\, \eta_2(h) \\ &\leqq T\, M\big(\eta_0(h) + \eta_1(h)\big) + M\, \eta_2(h) \leqq (1 + T)\, M\, \eta(h) \end{aligned} \tag{22}$$

für alle $m, n \in \mathbb{N}_0$ mit $0 \leqq m \leqq n$ und alle $h \in [0, H]$ mit $t_{n+k-1} \leqq T$.

Bemerkungen:

Die gröbere Abschätzung des globalen Fehlers stimmt in halblinearen Fällen mit der in [6] S. 106 hergeleiteten überein, wenn man auch dort Rechenstörungen einbezieht.

Aus den Abschätzungen folgert man mit $m = 0$ für isotone Funktionale $\eta_3(h)$ und quasilineare hyperbolische Aufgaben die in [12] S. 327 und [14] S. 356 definierte stabile Konvergenz und für Funktionale $\eta_3(h)$ mit der Eigenschaft (16) die in [7] S. 11 angegebene Konvergenz des Verfahrens.

Beweis:

1. Darstellung des globalen Fehlers:

Man erhält durch vollständige Induktion

$$\tilde{v}^m_{n-m} - \tilde{u}(t_n) = \prod_{\nu=m}^{n-1} \tilde{A}(t_\nu, h, \tilde{v}^m_{\nu-m}) \left(\tilde{v}^m_0 - \tilde{u}(t_m)\right) + \sum_{\nu=m}^{n-1} \prod_{\mu=\nu+1}^{n-1} \tilde{A}(t_\mu, h, \tilde{v}^m_{\mu-m}) \left(\tilde{A}(t_\nu, h, \tilde{v}^m_{\nu-m}) - \right.$$

$$\left. - \tilde{A}(t_\nu, h, \tilde{u}(t_\nu))\right) \tilde{u}(t_\nu) + h \sum_{\nu=m}^{n-1} \prod_{\mu=\nu+1}^{n-1} \tilde{A}(t_\mu, h, \tilde{v}^m_{\mu-m}) \left(\tilde{B}_1(t_\nu, h)\, \tilde{v}^m_{\nu-m} - \tilde{B}_1(t_\nu, h)\, \tilde{u}(t_\nu)\right) +$$

$$+ \sum_{\nu=m}^{n-1} \prod_{\mu=\nu+1}^{n-1} \tilde{A}(t_\mu, h, \tilde{v}^m_{\mu-m}) \left(\tilde{C}(t_\nu, h, \tilde{u}(t_\nu))\, \tilde{u}(t_\nu) - \tilde{u}(t_{\nu+1})\right) + \sum_{\nu=m}^{n-1} \prod_{\mu=\nu+1}^{n-1} \tilde{A}(t_\mu, h, \tilde{v}^m_{\mu-m})\, \delta^m_{\nu-m}\,.$$

2. Abschätzung des globalen Fehlers:

Man wählt ein $m \in \mathbb{N}_0$ beliebig fest und zeigt durch vollständige Induktion

$$\|\tilde{v}^m_{n-m} - \tilde{u}(t_n)\| \leqq c\, \frac{(1 + h\, N)^{n-m} - 1}{N} \left(\eta_0(h) + \eta_1(h)\right) + c\,(1 + h\, N)^{n-m}\, \eta_2(h), \tag{23}$$

$$\|\tilde{v}^m_{n-m}\| \leqq s \tag{24}$$

für alle $\tilde{v}^m_0 \in \mathfrak{M}$ mit $\|\tilde{v}^m_0 - \tilde{u}(t_m)\| \leqq \eta_2(h)$ und alle $n \in \mathbb{N}_0$ mit $n \geqq m$ und alle $h \in [0, H]$ mit $t_{n+k-1} \leqq T$.

Beweis:

Für $p = n - m = 0$ sind die Abschätzungen wegen $c \geqq 1$ und $\eta_2(h) \leqq s - r$ trivialerweise richtig. Sie mögen noch bis zu einem $p - 1 = n - m - 1 \geqq 0$ gelten.

Aus der Darstellung des globalen Fehlers folgert man mit Hilfe der Induktionsannahme

$$\|\tilde{v}^m_{n-m} - \tilde{u}(t_n)\| \leqq c\, \|\tilde{v}^m_0 - \tilde{u}(t_m)\| + c \sum_{\nu=m}^{n-1} \|\left(\tilde{A}(t_\nu, h, \tilde{v}^m_{\nu-m}) - \tilde{A}(t_\nu, h, \tilde{u}(t_\nu))\right) \tilde{u}(t_\nu)\| +$$

$$+ h\, c \sum_{\nu=m}^{n-1} \|\tilde{B}_1(t_\nu, h)\, \tilde{v}^m_{\nu-m} - \tilde{B}_1(t_\nu, h)\, \tilde{u}(t_\nu)\| + c \sum_{\nu=m}^{n-1} \|\tilde{C}(t_\nu, h, \tilde{u}(t_\nu))\, \tilde{u}(t_\nu) - \tilde{u}(t_{\nu+1})\| + c \sum_{\nu=m}^{n-1} \|\delta^m_{\nu-m}\|$$

$$\leqq c\, \|\tilde{v}^m_0 - \tilde{u}(t_m)\| + h\, c\, \varkappa \sum_{\nu=m}^{n-1} \|\tilde{v}^m_{\nu-m} - \tilde{u}(t_\nu)\| + h\, b\, c\, L \sum_{\nu=m}^{n-1} \|\tilde{v}^m_{\nu-m} - \tilde{u}(t_\nu)\| +$$

$$+ c \sum_{\nu=m}^{n-1} \|\tilde{C}(t_\nu, h, \tilde{u}(t_\nu))\, \tilde{u}(t_\nu) - \tilde{u}(t_{\nu+1})\| + c \sum_{\nu=m}^{n-1} \|\delta^m_{\nu-m}\| \text{ [3]}$$

$$\leqq c\, \eta_2(h) + h\, N \sum_{\nu=m}^{n-1} \|\tilde{v}^m_{\nu-m} - \tilde{u}(t_\nu)\| + h\, c\, (n - m) \left(\eta_1(h) + \eta_0(h)\right) \text{ [4]}$$

$$\leqq c\, \eta_2(h) + h\, c\, (n - m) \left(\eta_0(h) + \eta_1(h)\right) +$$

$$+ h\, N\, c \sum_{\nu=m}^{n-1} \left(\frac{(1 + h\, N)^{\nu-m} - 1}{N} \left(\eta_0(h) + \eta_1(h)\right) + (1 + h\, N)^{\nu-m}\, \eta_2(h)\right)$$

$$= c\, \frac{(1 + h\, N)^{n-m} - 1}{N} \left(\eta_0(h) + \eta_1(h)\right) + c\, (1 + h\, N)^{n-m}\, \eta_2(h)\,,$$

womit die Abschätzung (23) gezeigt ist. Hieraus ergibt sich sofort die gröbere Abschätzung

$$\|\tilde{v}^m_{n-m} - \tilde{u}(t_n)\| \leqq c\, T\, e^{NT} \left(\eta_0(h) + \eta_1(h)\right) + c\, e^{NT}\, \eta_2(h)$$

$$= T\, M\left(\eta_0(h) + \eta_1(h)\right) + M\, \eta_2(h) \leqq (1 + T)\, M\, \eta(h)\,.$$

Aus dieser Abschätzung folgert man nun mit Hilfe der Dreiecksungleichung unter Verwendung von (2) und (20) die Abschätzung (24)

$$\|\tilde{v}^m_{n-m}\| \leqq \|\tilde{v}^m_{n-m} - \tilde{u}(t_n)\| + \|\tilde{u}(t_n)\| \leqq (1 + T)\, M\, \eta(h) + r \leqq s\,.$$

---

[3]) gemäß (2), (7), (8) und (10)

[4]) gemäß (13), (18) und (21)

Beispiele

1. [5]) In dem BANACHraum

$$\mathfrak{B} := \{u : u \in C^0_{2\pi}(\mathbb{R}), \|u\| = \max_{0 \leqq x \leqq 2\pi} |u(x)|\}$$

sei die quasilineare Anfangswertaufgabe

$$u_t = u\, u_x\,, \qquad 0 \leqq t \leqq T\,, \qquad u(0) = u_0$$

gegeben. Zur Approximation dieser Aufgabe verwenden wir das Verfahren von COURANT, ISAACSON und REES [5]:

$$u_{n+1}(x) = u_n(x) + \mu\, u_n(x) \begin{cases} \big(u_n(x + \Delta x) - u_n(x)\big) & \text{für} \quad u_n(x) \geqq 0 \\ \big(u_n(x) - u_n(x - \Delta x)\big) & \text{für} \quad u_n(x) < 0 \end{cases}$$

$$\text{mit } \mu := \frac{h}{\Delta x} = \text{const}\,.$$

Es handelt sich um ein explizites Einschrittverfahren. Es ist

$$[A_0(t, h, w)\, v]\,(x) = -\, v(x) - \mu\, w(x) \begin{cases} \big(v(x + \Delta x) - v(x)\big) & \text{für} \quad w(x) \geqq 0\,, \\ \big(v(x) - v(x - \Delta x)\big) & \text{für} \quad w(x) < 0 \end{cases}$$

$$[B_0(h)\, v]\,(x) = 0\,.$$

Das Verfahren erfüllt trivialerweise die Voraussetzungen (V1) und (V2) mit der Konstante $b = 0$. Da nach [4] S. 129

$$\|\big(A_0(t, h, w) - A_0(t, h, v)\big)\, u(t)\| \leqq \varkappa\, h\, \|w - v\| \qquad \forall\, v, w \in \mathfrak{G}$$

$$\text{mit } \varkappa := \max_{0 \leqq t \leqq T}\ \max_{0 \leqq x \leqq 2\pi} |u_x(x, t)|$$

gilt, ist auch die Voraussetzung (V3) erfüllt. Das Verfahren ist L-stabil auf $\mathfrak{G}$ mit $c = 1$ für jedes $\mu \leqq 1/s$, denn es ist für beliebig feste Elemente $w \in \mathfrak{G}$ und $v \in \mathfrak{B}$

$$|[A_0(t, h, w)\, v]\,(x)| = \begin{cases} |\big(1 - \mu\, w(x)\big)\, v(x) + \mu\, w(x)\, v(x + \Delta x)| & \text{für} \quad w(x) \geqq 0 \\ |\big(1 + \mu\, w(x)\big)\, v(x) - \mu\, w(x)\, v(x - \Delta x)| & \text{für} \quad w(x) < 0 \end{cases}$$

$$\leqq \begin{cases} \big(1 - \mu\, w(x)\big)\, |v(x)| + \mu\, w(x)\, |v(x + \Delta x)| & \text{für} \quad w(x) \geqq 0 \\ \big(1 + \mu\, w(x)\big)\, |v(x)| - \mu\, w(x)\, |v(x - \Delta x)| & \text{für} \quad w(x) < 0 \end{cases}$$

$$\leqq \|v\|$$

und damit

$$\|A_0(t, h, w)\| \leqq 1\,.$$

Dies gilt nun für alle $w \in \mathfrak{G}$. Folglich ist

$$\|\prod_{\nu=m}^{n-1} \tilde{A}(t_\nu, h, \tilde{w}_\nu)\| = \|\prod_{\nu=m}^{n-1} A_0(t_\nu, h, w_\nu)\| \leqq 1$$

für alle $w_\nu \in \mathfrak{G}$, alle $m, n \in \mathbb{N}_0$ mit $0 \leqq m \leqq n$ und alle $h \in [0, T]$ mit $t_n \leqq T$.

Also ergibt sich aus der Konsistenz des Verfahrens bezüglich u_0 die L-Konvergenz bezüglich u_0.

Bemerkung: Die stabile Konvergenz des in diesem Beispiel behandelten Verfahrens läßt sich auch mit den in [4], [12], [14] und [15] angegebenen Sätzen nachweisen. Auf Grund der strukturreduzierenden Eigenschaften des Verfahrens (vgl. [4], S. 109) sind z. B. die Voraussetzungen der Konvergenzsätze in [7], [11] und [13] nicht erfüllt.

2. [6]) In dem BANACHraum

$$\mathfrak{B} := \{u : u \in C^0_{2\pi}(\mathbb{R}^2), \|u\| = \max_{0 \leqq x,\, y \leqq 2\pi} |u(x, y)|\}$$

sei die quasilineare Anfangswertaufgabe

$$u_t = u^2\,(u_{xx} + u_{yy})\,, \qquad 0 \leqq t \leqq T\,,$$

$$u(0) = u_0$$

gegeben.

Die Anfangswertaufgabe approximieren wir durch das explizite Einschrittverfahren

$$u_{n+1}(x, y) = u_n(x, y) + \lambda\, u_n^2(x, y)\, \big(u_n(x + \Delta x, y) + u_n(x - \Delta x, y) -$$

$$-\, 4\, u_n(x, y) + u_n(x, y + \Delta x) + u_n(x, y - \Delta y)\big)$$

$$\text{mit } \lambda = \frac{h}{(\Delta x)^2} = \frac{h}{(\Delta y)^2} = \text{const.}$$

---

[5]) siehe [4, S. 108 und S. 129]

[6]) siehe [4, S. 131]

Es ist also hier

$$[A_0(t, h, w) v](x, y) = -v(x, y) - w^2(x, y) \big(v(x + \Delta x, y) + v(x - \Delta x, y) - 4 v(x, y) + v(x, y + \Delta y) + v(x, y - \Delta y)\big) ,$$

$$[B_0(h) v](x, y) = 0 .$$

Die Voraussetzungen (V1) und (V2) sind mit der Konstanten $b = 0$ erfüllt. Weiter ist wegen

$$\|(A_0(t, h, v) - A_0(t, h, w)) u(t)\| \leqq \varkappa h \|v - w\| \;\forall\; v, w \in \mathfrak{G}$$

$$\text{mit } \varkappa := 2 s \max_{\substack{0 \leqq x, y \leqq 2\pi \\ 0 \leqq t \leqq T}} \big(|u_{xx}(x, y, t)| + |u_{yy}(x, y, t)|\big)$$

die Voraussetzung (V3) erfüllt.

Das Verfahren ist L-stabil auf $\mathfrak{G}$ mit $c = 1$ für alle $\lambda \leqq 1/(4 s^2)$,

denn es ist für beliebig feste Elemente $w \in \mathfrak{G}$ und $v \in \mathfrak{B}$

$$\begin{aligned} |[A_0(t, h, w) v](x)| &\leqq \big(1 - 4 w^2(x, y)\big) |v(x, y)| + w^2(x, y) |v(x + \Delta x, y) + \\ &\quad + v(x - \Delta x, y) + v(x, y + \Delta y) + v(x, y - \Delta y)| \\ &\leqq \big(1 - 4 w^2(x, y)\big) \|v\| + 4 w^2(x, y) \|v\| \\ &\leqq \|v\| \end{aligned}$$

und damit

$$\|A_0(t, h, w)\| \leqq 1 .$$

Dies gilt nun für alle $w \in \mathfrak{G}$. Folglich ist

$$\Big\| \prod_{\nu=m}^{n-1} \tilde{A}(t_\nu, h, \tilde{w}_\nu)\Big\| = \Big\| \prod_{\nu=m}^{n-1} A_0(t_\nu, h, w_\nu)\Big\| \leqq 1$$

für alle $w_\nu \in \mathfrak{G}$, alle $m, n \in \mathbb{N}_0$ mit $0 \leqq m \leqq n$ und alle $h \in [0, T]$ mit $t_n \leqq T$.

Also ergibt sich aus der Konsistenz des Verfahrens bezüglich u_0 die L-Konvergenz bezüglich u_0.

Bemerkung: Die Konvergenz des Verfahrens kann auch mit den in [4] und im Gegensatz zum ersten Beispiel mit den in [7] und [11] angegebenen Sätzen gezeigt werden. Hingegen können bei diesem Beispiel nicht die Arbeiten [12], [13], [14] und [15], die sich vornehmlich mit hyperbolischen Aufgaben auseinandersetzen, herangezogen werden. Die sich in [4] bei Verfahren 1. Ordnung ergebende Schranke für T tritt hier nicht auf.

Literatur

1 ANSORGE, R., Konvergenz von Mehrschrittverfahren zur Lösung halblinearer Anfangswertaufgaben. Num. Math. **10**, 209–219 (1967).
2 ANSORGE, R., Konvergenz von Differenzenverfahren für quasilineare Anfangswertaufgaben. Num. Math. **13**, 217–225 (1969).
3 ANSORGE, R., Problemorientierte Hierarchie von Konvergenzbegriffen bei der numerischen Lösung von Anfangswertaufgaben. Math. Z. **112**, 13–22 (1969).
4 ANSORGE, R. und HASS, R., Konvergenz von Differenzenverfahren für lineare und nichtlineare Anfangswertaufgaben. Lecture Notes in Mathematics **159**, Berlin–Heidelberg–New York: Springer 1970.
5 COURANT, R., ISAACSON, E. and REES, M., On the solution of nonlinear hyperbolic differential equations by finite differences. Comm. Pure Appl. Math. **5**, 243–255 (1952).
6 HASS, R., Konvergenz von Differenzenverfahren für halblineare Anfangswertaufgaben. Lecture Notes im Mathematics **267**, 99–116. Berlin–Heidelberg–New York: Springer 1972.
7 KINNEBROCK, W., Stabilität und Konvergenz nichtlinearer Differenzenoperatoren bei Anfangswertaufgaben. Report der Gesellschaft für Kernforschung Karlsruhe, KFK 1428 (1971).
8 LAX, P. D. and RICHTMYER, R. D., Survey of stability of linear finite difference equations. Comm. Pure Appl. Math. **9**, 267–293 (1956).
9 SPIJKER, M. N., Convergence and stability of step-by-step methods for the numerical solution of initial-value problems. Num. Math. **8**, 161–177 (1966).
10 SPIJKER, M. N., Stability and convergence of finite-difference methods. Thesis, Leiden University (1968).
11 SPIJKER, M. N., Equivalence theorems for nonlinear finite-difference methods. Lecture Notes in Mathematics **267**, 233–264. Berlin–Heidelberg–New York: Springer 1972.
12 STETTER, H. J., On the convergence of characteristic finite-difference methods of high accuracy for quasi-linear hyperbolic equations. Num. Math. **3**, 321–344 (1961).
13 STRANG, G., Accurate partial difference methods. II. Non-linear problems. Num. Math. **6**, 37–46 (1964).
14 TÖRNIG, W., Über Differenzenverfahren in Rechteckgittern zur numerischen Lösung quasilinearer hyperbolischer Differentialgleichungen. Num. Math. **5**, 353–370 (1963).
15 TÖRNIG, W. und ZIEGLER, M., Bemerkungen zur Konvergenz von Differenzapproximationen für quasilineare hyperbolische Anfangswertprobleme in zwei unabhängigen Veränderlichen. ZAMM **46**, 201–210 (1966).

Eingereicht am 4. 7. 1973

Anschrift: Dr. R. HASS, H. KRETH, Institut für Angewandte Mathematik der Universität Hamburg, 2 Hamburg 13, Rothenbaumchaussee 41, BRD

KLEINE MITTEILUNGEN

ZAMM 54, 359 – 362 (1974)

P. S. GUPTA

Combined Free and Forced Convection Effects on the Flow Through a Rotating Channel

1. Introduction

BARUA [1] investigated the flow of an incompressible viscous fluid through a circular pipe, rotating with a constant angular velocity about an axis perpendicular to it. In this flow a secondary motion is set up and the fluid particles move in spirals relative to the pipe. VIDYANIDHI and NIGAM [2] arrived at similar results for the flow of a viscous liquid in a channel formed by two parallel plates rotating with a uniform angular velocity about an axis perpendicular to the plates. However the effect of combined free and forced convection on such flows does not appear to have received much attention, although this study is likely to have bearing on the problem of cooling of rotating turbine blades. GUPTA [3] studied the effect of combined free and forced convection on the flow of an electrically conducting liquid permeated by a transverse magnetic field in a non-rotating parallel plate channel, the plates being subjected to a linear axial temperature variation. It is pointed out by GILL and CASAL [4] that viscosity variations and temperature differences in a pressure-induced flow in a parallel plate channel may give rise to such forces as might cause instability in the flow. This tendency towards instability is however pronounced for liquids with small PRANDTL numbers for which the thickness of thermal boundary layers is large compared with that of the velocity boundary layer.

In this paper we study the effect of combined free and forced convection on the flow of a viscous liquid in a parallel plate channel rotating with uniform angular velocity Ω about an axis perpendicular to the plates. The plates are subjected to a linear axial temperature variation which can be simulated in a laboratory. Experimentally such a flow can be realized by placing a channel of rectangular cross section with breadth much larger than its height on a turntable which can be rotated about a vertical axis. Such rotation will give rise to a cross-flow in addition to the primary flow along the channel and it will be of interest to study the effect of buoyancy forces on such a flow, which is the aim of the present investigation.

2. Mathematical formulation and solution

We take x-axis along the channel and y-axis vertical, z-axis being horizontal and along the breadth of the channel. At a large distance from the entry of the channel, all the physical variables (except the pressure and temperature) will depend on y only in the steady state. In a frame of reference rotating with the channel, the steady equations of momentum are

$$0 = -\frac{\partial p}{\partial x} + \mu \frac{d^2u}{dy^2} - 2\,\Omega w \varrho\,, \tag{1}$$

$$0 = -\frac{\partial p}{\partial y} - \varrho g\,, \tag{2}$$

$$0 = \mu \frac{d^2w}{dy^2} + 2\Omega u \varrho\,, \tag{3}$$

where $(u(y), 0, w(y))$ are the velocity components along x, y and z directions respectively, the equation of continuity being identically satisfied. The last terms in (1) and (3) account for the components of CORIOLIS force in the rotating frame.

The equation of state is assumed to be

$$\varrho = \varrho_0[1 - \beta(T - T_0)]\,, \tag{4}$$

where ϱ_0 and T_0 denote the density and temperature of a reference state and β is the coefficient of volume expansion.

We now invoke BOUSSINESQ approximation and assume that the density variations account only for the buoyancy force, all other effects of density variation being neglected. This implies that we can replace ϱ in (1) and (3) by ϱ_0, while (2) and (4) imply

$$-\frac{\partial p}{\partial y} = \varrho_0\,[1 - \beta(T - T_0)]\,g\,. \tag{5}$$

Elimination of p from (1) and (5) then yields

$$\nu \frac{d^3u}{dy^3} - 2\Omega \frac{dw}{dy} - \beta g \frac{\partial}{\partial x}(T - T_0) = 0\,, \tag{6}$$

where $\nu = \mu/\varrho_0$.

Let us now introduce the following dimensionless variables

$$u_1 = \frac{u}{U_0}\,,\quad w_1 = \frac{w}{U_0}\,,\quad \xi = \frac{x}{d\cdot Pe}\,,\quad \eta = \frac{y}{d}\,, \tag{7}$$

where U_0, d and Pe represent the bulk-mean velocity, distance between the plates and PÉCLET number respectively. The PÉCLET number is defined by $U_0 d/\lambda$, λ being the thermal diffusivity. Using (7), we have from (6) and (3)

$$\frac{d^3u_1}{d\eta^3} - \frac{2}{E}\frac{dw_1}{d\eta} = \frac{g\beta d^2}{\nu U_0 Pe}\frac{\partial}{\partial \xi}(T - T_0)\,, \tag{8}$$

$$E\frac{d^2w_1}{d\eta^2} + 2u_1 = 0\,, \tag{9}$$

where E is the EKMAN number $\nu/(d^2\Omega)$. Since u_1 and w_1 are functions of η only, equation (8) is valid only when the right hand side is free from ξ. This demands that

$$T - T_0 = A_1\xi + Y(\eta)\,, \tag{10}$$

where A_1 is a constant. This form for the temperature distribution is generally used as the asymptotic solution of the energy equation for fully developed flows and corresponds to uniform axial temperature variation along the channel walls. Substituting (10) in (8), we get

$$\frac{d^3u_1}{d\eta^3} - \frac{2}{E}\frac{dw_1}{d\eta} = G\,, \tag{11}$$

where

$$G = \frac{g\beta d^2 A_2}{\nu U_0}\,,\qquad A_2 = \frac{A_1}{Pe}\,. \tag{12}$$

Equation (10) shows that positive and negative values of A_1 correspond to increase and decrease in temperature respectively along the channel walls. This in turn implies that $G \lesseqgtr 0$ according as the temperature of the channel walls increases or decreases in the axial direction.

The equation of heat transfer including viscous dissipation is

$$u\frac{\partial}{\partial x}(T - T_0) = \lambda \frac{d^2(T - T_0)}{dy^2} + \frac{\mu}{\varrho_0 c}\left[\left(\frac{du}{dy}\right)^2 + \left(\frac{dw}{dy}\right)^2\right], \tag{13}$$

c being the specific heat.

Introducing

$$\Phi(\eta) = \frac{Y(\eta)}{PeA_2}\,,\qquad K = \frac{\mu U_0^2}{\varrho_0 c\lambda PeA_2} \tag{14}$$

and using (7) and (10) in (13), we obtain

$$u_1 = \frac{d^2\Phi}{d\eta^2} + K\left[\left(\frac{du_1}{d\eta^2}\right)^2 + \left(\frac{dw_1}{d\eta}\right)^2\right]. \tag{15}$$

The boundary conditions for u_1 and w_1 are

$$u_1(0) = 0\,,\quad u_1(1) = 0\,,\quad w_1(0) = 0\,,\quad w_1(1) = 0\,. \tag{16}$$

Further since U_0 is the bulk-mean velocity, it follows from (7) that

$$\int_0^1 u_1 d\eta = 1\,. \tag{17}$$

For the temperature boundary conditions, we take T_0 such that the temperature of the lower wall is $T_0 + A_1\xi$ so that by (10) we have $Y(0) = 0$. Hence using (14), the boundary conditions for $\Phi(\eta)$ satisfying (15) are

$$\Phi(0) = 0\,, \quad \Phi(1) = \frac{Y(1)}{PeA_2} = N\,. \tag{18}$$

It follows from (9) and (11) that the velocity components u_1 and w_1 depend on the parameters E and G. Further (15) shows that the temperature distribution depends on the four parameters E, G, K and N where K is the BRINKMAN number.

Solving (9) and (11) subject to (16) and (17), we obtain after a lengthy calculation

$$u_1 = -\frac{1}{2F}\,[e^{F\eta}(A\cos F\eta - A\sin F\eta + B\sin F\eta + B\cos F\eta) + e^{-F\eta}(D\cos F\eta - D\sin F\eta - C\cos F\eta - C\sin F\eta)]\,, \tag{19}$$

and

$$w_1 = \frac{e^{F\eta}}{2F}\,[A(\cos F\eta + \sin F\eta) + B(\sin F\eta - \cos F\eta)] + \frac{e^{-F\eta}}{2F}\,[C(\sin F\eta - \cos F\eta) - D[\sin F\eta + \cos F\eta)] - \frac{G}{2F^2}\eta + J\,, \tag{20}$$

where $F = E^{-1/2}$ and the constants A, B, C, D and J are given by

$$\Delta A = -4F^2[e^{-2F} - \sin 2F - \cos 2F + 2\cos F\sinh F + 2\sin F\cosh F] - \frac{G}{F}[2 - e^{-2F} - \cos 2F + \sin 2F - 2\cos F\sinh F - 2\sin F\cosh F]\,, \tag{21}$$

$$\Delta B = 4F^2[2\cos F\sinh F - 2\sin F\cosh F - \cos 2F + e^{-2F} + \sin 2F] + \frac{G}{F}[\sin 2F + \cos 2F - e^{-2F} - 2\cos F\sinh F + 2\sin F\cosh F - 4\sin F\,e^{-F}]\,, \tag{22}$$

$$\Delta C = -4F^2[-e^{2F} + \cos 2F - \sin 2F + 2\sin F\cosh F + 2\cos F\sinh F] - \frac{G}{F}[2 - e^{2F} - \cos 2F - \sin 2F + 2\sin F\cosh F + 2\cos F\sinh F]\,, \tag{23}$$

$$\Delta D = 4F^2[e^{2F} - \cos 2F - \sin 2F - 2\cos F\sinh F + 2\sin F\cosh F] + \frac{G}{F}[e^{2F} + \sin 2F - \cos 2F - 4e^{F}\sin F - 2\cos F\sinh F + 2\cosh F\sin F]\,, \tag{24}$$

$$\Delta J = 8F[\cosh 2F - \cos 2F] + \frac{4G}{F^2}[(\sinh F - \sin F)(\cosh F - \cos F)] \tag{25}$$

with Δ given by

$$\Delta = 16(\cos F - \cosh F)(\sin F - \sinh F)\,. \tag{26}$$

It can be seen that $\Delta \neq 0$ for any value of F.

Velocity distribution $u_1(\eta)$ for the primary flow is plotted in Fig. 1 for various values of the rotation parameter F with $G = 5$. It is interesting to note that the velocity profile across a section of the channel shows two humps near the channel walls with its minimum at the centre of the channel. This figure also shows that at a fixed point near the channel walls, $u_1(\eta)$ increases with increase in F while for a sufficiently large value of F viz., $F = 7$, $u_1(\eta) < 0$ near the central region of the channel. Thus for large F, the flow near the centre of the channel is opposite to that of the imposed pressure gradient. In Fig. 2, we have plotted $u_1(\eta)$ for several values of the buoyancy parameter G corresponding to a fixed value of the rotation parameter F. This profile also shows two humps near the channel walls with a minimum at the centre of the channel. Further velocity at a fixed point in the flow increases with increase in the buoyancy parameter G.

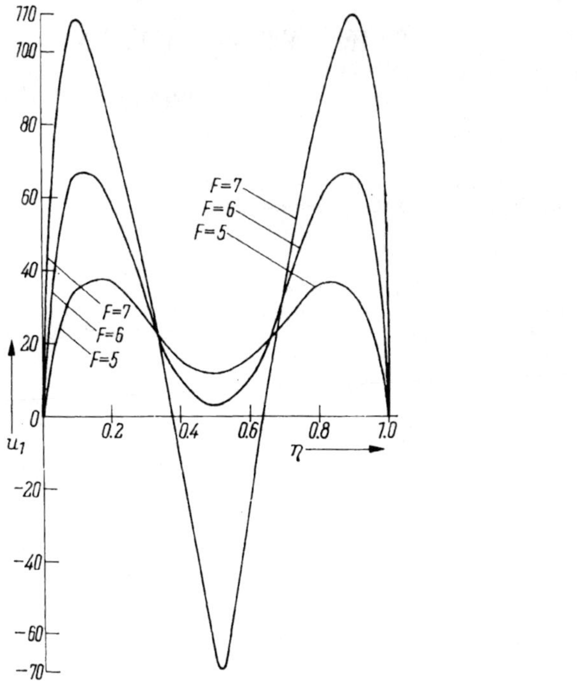

Fig. 1. Effect of rotation parameter (F) on velocity field u_1 for $G = 5$

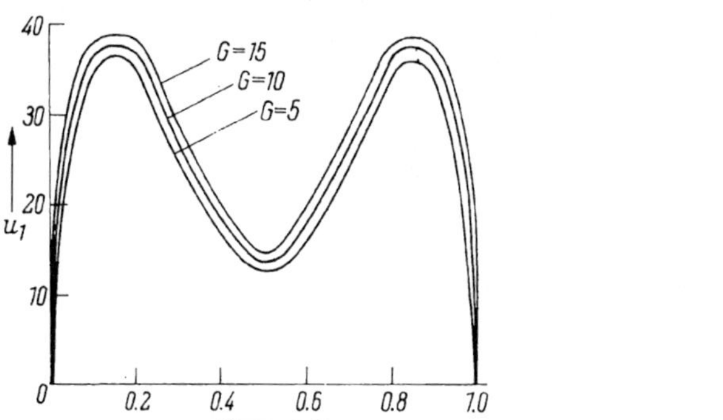

Fig. 2. Effect of buoyancy force parameter G on velocity field u_1 for fixed $F = 5$

From (19), the dimensionless value of the shear stress corresponding to the primary flow can be computed at the two walls. The shear stress $du_1/d\eta$ will vanish at the lower wall $\eta = 0$ if $B = D$ and using (22) and (24), this condition implies

$$4F^3(\cos F - \cosh F)(\sin F + \sinh F) = G(\sinh F - \sin F)^2\,. \tag{27}$$

In the absence of free convection ($G = 0$), the above equation cannot hold since $\cos F < \cosh F$ for all F so that $(du_1/d\eta)_{\eta=0}$ can never vanish. This means that the flow can not separate when $G = 0$. But when $G \neq 0$, the above equation will hold only when $G < 0$. Thus there will be an incipient reversed primary flow at the lower wall when there is a decrease in temperature along that wall. For increase in temperature in the axial direction at the lower wall ($G > 0$) there will be no reversed primary flow for any value of the rotation parameter.

Again from (20) the dimensionless skin friction corresponding to the secondary flow (arising out of rotation) can be evaluated at the two walls. For $(dw_1/d\eta)$ to vanish at $\eta = 0$, we then have

$$A + C - \frac{G}{2F^2} = 0 . \tag{28}$$

Substitution of the values of A and C from (21) and (23) in (28) along with the value of Δ given by (26) leads to

$$G = \frac{4F^4(\cos F - \cosh F)}{F(\sin F + \sinh F) + 2(\cos F - \cosh F)} . \tag{29}$$

Clearly this equation does not hold for $G = 0$, since $\cos F - \cosh F < 0$ for all F. Thus in the absence of buoyancy forces, the secondary flow also can not separate like the primary flow. However when $G \neq 0$, a peculiar situation arises. In this case, although the numerator in the expression for G in (29) is always negative, the denominator may assume both positive and negative values for suitable range of values of the rotation paramter F. For instance even when the primary flow near the lower wall does not show reversal for $G > 0$, there will be an incipient reversed secondary flow near the lower wall for $G > 0$ when

$$F(\sin F + \sinh F) < 2(\cosh F - \cos F) , \tag{30}$$

as can be seen from (29). Of course for decrease in temperature in the axial direction at the lower wall ($G < 0$), the secondary flow will show reversal when inequality (30) is reversed.

It is interesting to note that a similar situation (see SATO [5]) arises in the pressure flow of an electrically conducting liquid in a non-rotating channel formed by two infinite parallel plates permeated by a uniform transverse magnetic field, HALL effects being taken into account. Here HALL currents induce a cross-flow which may show reversal (for suitable range of values of the physical parameters) even when the primary flow does not. Thus HALL currents in this problem play a role similar to that of rotation in our investigation. It is also well known that we find an analogous situation for three-dimensional boundary layer along a swept-back wing.

Proceeding in exactly the same way, we find that for primary flow reversal at the upper plate, we must have

$$G = \frac{4F^3(\cosh F - \cos F)(\sin F + \sinh F)}{(\sinh F - \sin F)^2} . \tag{31}$$

This shows again that for $G = 0$, flow reversal does not take place while for $G \neq 0$, primary flow reversal occurs only for increase in temperature in the axial direction at the upper wall ($G > 0$). Similarly for secondary flow reversal at the upper wall, the condition is

$$G = \frac{4F^4(\cosh F - \cos F)}{F(\sinh F + \sin F) + 2(\cos F - \cosh F)} , \tag{32}$$

which is precisely the expression for G in (29) with sign changed.

Thus arguing as before, we may say that although the primary flow shows no reversal for decrease in temperature in the axial direction at the upper wall ($G < 0$), the secondary flow may show such reversal for $G < 0$ for suitable range of values of the rotation parameter F. The values of G_{crit} for which there is a primary flow reversal at the upper plate (or the values of G (with a negative sign) for which there is a primary flow reversal at the lower plate) are computed from equation (31) for different values of the rotation parameter F and are shown in Table 1. It may be noticed that G_{crit} increases with increase in F. This shows that rotation exerts a stabilizing influence on the flow.

Table 1

F	G_{crit}
5	$.47923 \cdot 10^3$
10	$.39997 \cdot 10^4$
15	$.13500 \cdot 10^5$
20	$.31999 \cdot 10^5$
25	$.62499 \cdot 10^5$

For evaluating the temperature distribution we substitute the expressions for u_1 and w_1 from (19) and (20) in (15) and integrate twice. The solution for $\Phi(\eta)$ satisfying the boundary condition (18) is

$$\begin{aligned}\Phi = &- \frac{K}{8F^4}[2F^2(A^2 + B^2)\,e^{2F\eta} + 2F^2(C^2 + D^2)\,e^{-2F\eta} - \\ &- 4\{(AC - BD)\cos 2F\eta + (AD + BC)\sin 2F\eta\}F^2 + \\ &+ G^2\eta^2] - \frac{e^{F\eta}\sin F\eta}{4F^4}(BF + AF - 2KGA) - \\ &- \frac{e^{F\eta}\cos F\eta}{4F^4}(AF - BF + 2KGB) - \\ &- \frac{e^{-F\eta}\sin F\eta}{4F^4}(CF - DF + 2GKC) + \\ &+ \frac{e^{-F\eta}\cos F\eta}{4F^4}(CF + DF + 2GKD) - C_1\eta - C_2 ,\end{aligned} \tag{33}$$

where

$$\begin{aligned}C_1 = &- N - \frac{K}{8F^4}[2F^2(A^2 + B^2)\,e^{2F} + 2F^2(C^2 + D^2)\,e^{-2F} - \\ &- 4F^2\{(AC - BD)\cos 2F + (AD + BC)\sin 2F\} + \\ &+ G^2] + \frac{e^{-F}\cos F}{4F^4}(2DKG + FD + FC) - \\ &- \frac{e^F\sin F}{4F^4}(FA + FB - 2KGA) - \\ &- \frac{e^F\cos F}{4F^4}(2KGB + FA - FB) - \\ &- \frac{e^{-F}\sin F}{4F^4}(2KGC + FC - FD) + \\ &+ \frac{K}{4F^2}[A^2 + B^2 + C^2 + D^2 - 2(AC - BD)] - \\ &- \frac{KG}{2F^4}(D - B) - \frac{B + D + C - A}{4F^3} ,\end{aligned} \tag{34}$$

$$\begin{aligned}C_2 = &- \frac{K}{4F^2}[A^2 + B^2 + C^2 + D^2 - 2(AC - BD)] + \\ &+ \frac{KG}{2F^4}(D - B) + \frac{B + D + C - A}{4F^3} ,\end{aligned} \tag{35}$$

Temperature distribution $\Phi(\eta)$ inside the channel is plotted in Fig. 3 for different values of the rotation parameter $F = 7, 8, 9$ with $G = 2$. It may be seen that Φ increases with increase in the rotation parameter F. This is due to the fact that increase in rotation leads to viscous dissipation in the flow resulting in the rise of temperature.

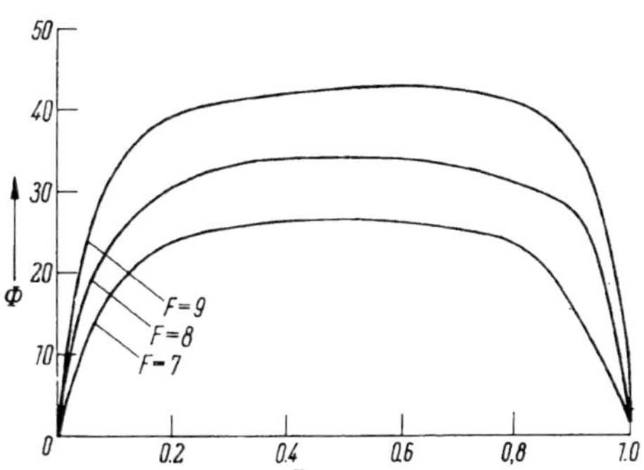

Fig. 3. Temperature distribution φ is plotted for different rotation parameter ($F = 7, 8, 9$)

Discussion

Strictly speaking, density variations are also coupled with the centrifugal force in a rotating system, in addition to their effect on the gravity field to produce the buoyancy force. However in the present analysis we have ignored the effect of density variations on the centrifugal force as has been assumed by CHANDRASEKHAR [6] in his study of thermal instability of a horizontal layer of a viscous liquid rotating about a vertical axis. Such an assumption will be justified if the angular velocity of rotation is not too large.

Acknowledgement

My thanks are due to Dr. A. S. GUPTA for suggesting the problem and guidance in the preparation of this paper.

References

1 BARUA, S. N., Secondary Flow in a Rotating Straight Pipe, Proceedings of the Royal Society of London **A 227**, pp. 133–139 (1954).
2 VIDYANIDHI, V., and NIGAM, S. D., Secondary Flow in a Rotating Channel, Journal of Mathematical and Physical Sciences **1**, pp. 83–94 (1967).
3 GUPTA, A. S., Combined Free and Forced Convection Effects on the Magnetohydrodynamic Flow Through a Channel, ZAMP **20**, pp. 506–513 (1969).
4 GILL, W. N. and CASAL, E. D., A Theoretical Investigation of Natural Convection Effects in Forced Horizontal Flows, A. I. Ch. E. Journal **8**, pp. 513–518 (1962).
5 SATO, H., The Hall Effect in the Viscous Vlow of Ionized Gas between Parallel Plates under Transverse Magnetic Field, Journal of the Physical Society of Japan **16**, p. 1427 (1961).
6 CHANDRASEKHAR, S., Hydrodynamic and Hydromagnetic Stability, Oxford University, 1961.

Eingereicht am 7. 5. 1973 (revid. Fassung: 14. 9. 1973)

Anschrift: PRANAB SANKAR GUPTA, Department of Mathematics, Indian Institute of Technology, Kharagpur, India

ZAMM 54, 362–366 (1974)

B. I. CHESHANKOV*)

Multifrequency Oscillations under External Excitations in the Case of Resonance of Mixed Second and Third Rank

In the oscillatory systems with many degrees of freedom sometimes multifrequency oscillations occur. That sort of oscillations have been investigated by MITROPOLSKIY [2] and RUBANIK [3].

In the present paper the multifrequency resonant oscillations of a more concrete type of system with n degrees of freedom are discussed and the problem is reduced to the investigation of some canonical systems of differential equations, which describe the resonant phenomena.

1.

Let us consider a conservative system with n degrees of freedom, which has stable position of equilibrium and performs small motions in its vicinity. On the system are applied N excitations, which don't change the equilibrium and don't lead the motion out of its vicinity. These excitations can be considered as generalized coordinates with indexes bigger than n, which have a given variation, i.e. they are known functions of time. These coordinates take part formally in the expressions of the kinetic and potential energy (i.e. we assume, that this conventional system with $n + N$ generalized coordinates is a conservative one).

We assume also, that because of some internal symmetry in the system, the kinetic and the potential energy are symmetric with respect to the n generalized coordinates, while for the remaining N conventional coordinates this is not valid. Then the kinetic energy of the system has the form

$$T = \frac{1}{2} \sum_{i,k=1}^{n+N} A_{ik} \dot{q}_i \dot{q}_k , \tag{1.1}$$

where

$$A_{ik} = a_{ik} + \sum_{j=n+1}^{n+N} a_{ik}^{(j)} q_j + \frac{1}{2} \sum_{j,s=1}^{n+N} a_{ik}^{(js)} q_j q_s + \cdots ,$$

and the potential energy is

$$\Pi = \frac{1}{2} \sum_{i,k=1}^{n+N} c_{ik} q_i q_k + \frac{1}{6} \sum_{i,k,j=1}^{n+N} c_{ik}^{(j)} q_i q_k q_j + \frac{1}{24} \sum_{i,k,j,s=1}^{n+N} c_{ik}^{(js)} q_i q_k q_j q_s + \cdots .$$

In the (1.2) coefficients c_{ik}, $c_{ik}^{(j)}$, $c_{ik}^{(js)}$, ... with identical indexes are equal regardless of the places of the indexes i.e.

$$c_{ik} = c_{ki} , \quad c_{ik}^{(j)} = c_{jk}^{(i)} = \cdots , \quad c_{ik}^{(js)} = c_{jk}^{(is)} = \cdots , \ldots . \tag{1.3}$$

We assume that the same is valid also for the coefficients $a_{ik}^{(j)}$, $a_{ik}^{(js)}$, ... i.e.

$$a_{ik} = a_{ik} , \quad a_{ik}^{(j)} = a_{jk}^{(i)} = \cdots , \quad a_{ik}^{(js)} = a_{jk}^{(is)} = \cdots , \ldots . \tag{1.4}$$

This assumption doesn't restrict the generality of the obtained results but only makes some expressions more simple and symmetric.

Using (1.1), (1.2), (1.3), (1.4) and supposing that q_i $(i = n + 1, \ldots, n + N)$ are known functions of time, the equations of motion are found to be

$$\sum_{k=1}^{n} (a_{ik} \ddot{q}_k + c_{ik} q_k) = - \sum_{k=n+1}^{n+N} (a_{ik} \ddot{q}_k + c_{ik} q_k) - \sum_{k=1}^{n} \sum_{j=n+1}^{n+N} \left[a_{ik}^{(j)} (q_k \ddot{q}_j + \ddot{q}_k q_j + \dot{q}_k \dot{q}_j) + c_{ik}^{(j)} q_k q_j \right] - \sum_{k,j,s=1}^{n} \left[\frac{1}{2} a_{ik}^{(js)} (q_k q_j q_s + q_k q_j q_s) + \frac{1}{6} c_{ik}^{(js)} q_k q_j q_s \right] \ldots , \tag{1.5}$$
$$(i = 1, 2, \ldots, n) ,$$

where only the terms which will take part in the following considerations are retained.

The frequencies of the free oscillations ω_i $(i = 1, 2, \ldots, n)$ are all real numbers, because of the assumptions made, and can be obtained from the characteristic equation

$$D \| - a_{ik} \omega^2 + c_{ik} \| = 0 . \tag{1.6}$$

Let us assume that all excitations are harmonic with the frequencies p_j $(j = 1, 2, \ldots, N)$.

We shall have resonance in the system, when at least one of the equalities

$$\sum_{i=1}^{n} q_i^{(k)} \omega_i + \sum_{j=1}^{N} s_j^{(k)} p_j = 0 , \qquad (k = 1, 2, \ldots) ,$$

where $q_i^{(k)}$ and $s_j^{(k)}$ are integers (some of which can be equal to zero), are exactly or approximately satisfied.

Definition: We shall call rank of resonance the degree of the resonant terms in the equations (1.5). If they have different degrees, we shall have resonance of mixed rank.

This definition is given first in [6] and it turned out that it is useful, because it shows an important characteristic of the resonance.

And thus in the paper we shall consider a resonance, which is provoked only by therms of second and third degree.

Let us assume that

$$a_{ik} \ddot{q}_k + c_{ik} q_k = 0 , \quad k = n + 1, n + 2, \ldots, n + N .$$

The cases, when these expressions are not equal to zero, don't lead to resonance of mixed second and third rank and are not a subject of the present consideration.

Let us substitute in (1.5)

$$\left. \begin{aligned} q_k &= \varepsilon^{1/2} \bar{q}_k , & (k = 1, 2, \ldots, n) , \\ q_{n+j} &= \varepsilon H_j \cos (p_j t - \psi_j) , & (j = 1, 2, \ldots, N) , \end{aligned} \right\} \tag{1.7}$$

*) Machine-building and Electrical Engineering Institute, Sofia, Center of Applied Mathematics

where ε is a small positive parameter. Further, the sign "$-$" is dropped. Thus we obtain

$$\sum_{k=1}^{n}(a_{ik}\ddot{q}_k + c_{ik}q_k) = -\varepsilon F_i^*, \quad (i = 1, 2, \ldots, n), \tag{1.8}$$

where

$$F_i^* = \sum_{k=1}^{n}\sum_{j=1}^{N}\{H_j\cos(p_jt-\psi_j)[a_{ik}^{(n+j)}(\ddot{q}_k - p_j^2q_k) + c_{ik}^{(n+j)}q_k] -$$
$$- H_jp_j\sin(p_jt-\psi_j)\,a_{ik}^{(n+j)}\dot{q}_k\} +$$
$$+ \sum_{k,j,s=1}^{n}\left[\frac{1}{2}a_{ik}^{(js)}(q_kq_j\ddot{q}_s + q_k\dot{q}_j\dot{q}_s) + \frac{1}{6}c_{ik}^{(js)}q_kq_jq_s\right],$$

and the term containing ε in more than first degree are dropped.

2.

Let us have m-frequency oscillations in the considered system with frequencies $\omega_1 \leqq \omega_2 \leqq \cdots \leqq \omega_m$, $m \leqq n$.

In order to analyze the multifrequency resonant solutions of (1.8) we shall generalize a supplement, given by STRUBLE [4], [5] to the well known asymptotic method of KRYLOFF-BOGOLIUBOV in the nonlinear oscillations [1].

We seek solution of (1.8) in the form of asymptotic series

$$q_k = \sum_{s=1}^{m}L_k^{(s)}A_s\cos(\omega_st - \varphi_s) + \varepsilon q_{k1} + \varepsilon^2q_{k2} + \cdots, \tag{2.1}$$
$$(k = 1, 2, \ldots, n),$$

where the quantities A_s, φ_s $(s = 1, 2, \ldots, m)$ are called variational parameters and in general exhibit the long-period wave form modifications of the principal harmonics in the solution. The $q_{k1}, q_{k2}, \ldots$ are called additive corrections and describe, essentially, the higher harmonics in the solution. The normal functions $L_k^{(s)}$ $(k, s = 1, 2, \ldots, n)$ are obtained from the algebraic equations

$$\sum_{k=1}^{n}(-a_{ik}\omega_s^2 + c_{ik})L_k^{(s)} = 0, \quad (i, s = 1, 2, \ldots, n), \tag{2.2}$$

and are orthogonal —

$$\sum_{i,k=1}^{n}a_{ik}L_i^{(s)}L_k^{(j)} = 0, \quad \sum_{i,k=1}^{n}c_{ik}L_i^{(s)}L_k^{(j)} = 0, \quad (s \neq j). \tag{2.3}$$

After substituting (2.1) in (1.8), multiplying the i-th equation by $L_i^{(r)}$, and then adding all equations we obtain

$$(\ddot{A}_r + 2\omega_rA_r\dot{\varphi}_r - A_r\dot{\varphi}_r^2)\cos(\omega_rt - \varphi_r) +$$
$$+ (A_r\ddot{\varphi}_r - 2\omega_r\dot{A}_r + 2\dot{A}_r\dot{\varphi}_r)\sin(\omega_rt - \varphi_r) +$$
$$+ \varepsilon\frac{1}{m_r}\sum_{i,k=1}^{n}L_i^{(r)}(a_{ik}\ddot{q}_{k1} + c_{ik}q_{k1}) = -\varepsilon\frac{1}{m_r}F_r, \tag{2.4}$$
$$(r = 1, 2, \ldots, m),$$

where

$$m_r = \sum_{i,k=1}^{n}a_{ik}L_i^{(r)}L_k^{(r)} > 0,$$

$$F_r = \frac{1}{2}\sum_{s=1}^{m}\sum_{j=1}^{N}A_sH_j\{\tilde{g}_{rs}^{(n+j)}(\omega_s - p_j)\times$$
$$\times\cos[(\omega_s - p_j)t - \varphi_s + \psi_j] +$$
$$+ \tilde{g}_{rs}^{(n+j)}(\omega_s, p_j)\cos[(\omega_s + p_j)t - \varphi_s - \psi_j]\} +$$
$$+ \frac{1}{24}\sum_{s,u,v=1}^{m}A_sA_uA_v\{3\tilde{g}_{rs}^{(uv)}(\omega_s, \omega_u, -\omega_v)\times$$
$$\times\cos[(\omega_s + \omega_u - \omega_v)t - \varphi_s - \varphi_u + \varphi_v] +$$
$$+ \tilde{g}_{rs}^{(uv)}(\omega_s, \omega_u, \omega_v)\cos[(\omega_s + \omega_u + \omega_v)t - \varphi_s - \varphi_u - \varphi_v]\},$$

$$\tilde{g}_{rs}^{(n+j)}(\omega_s, p_j) = g_{rs}^{(n+j)} - (\omega_s^2 + \omega_sp_j + p_j^2)\,h_{rs}^{(n+j)},$$

$$g_{rs}^{(n+j)} = \sum_{i,k=1}^{n}c_{ik}^{(n+j)}L_i^{(r)}L_k^{(s)}, \quad h_{rs}^{(n+j)} = \sum_{i,k=1}^{n}a_{ik}^{(n+j)}L_i^{(r)}L_k^{(s)},$$

$$\tilde{g}_{rs}^{(uv)}(\omega_s, \omega_u, \omega_v) =$$
$$= g_{rs}^{(uv)} - (\omega_u^2 + \omega_s^2 + \omega_v^2 + \omega_s\omega_u + \omega_u\omega_v + \omega_v\omega_s)\,h_{rs}^{(uv)},$$

$$g_{rp}^{(uv)} = \sum_{i,k,j,s=1}^{n}c_{ik}^{(js)}L_i^{(r)}L_k^{(p)}L_j^{(u)}L_s^{(v)},$$

$$h_{rp}^{(uv)} = \sum_{i,k,j,s=1}^{n}a_{ik}^{(js)}L_i^{(r)}L_k^{(p)}L_j^{(u)}L_s^{(v)}.$$

Now, from the system (2.4) it is clear that resonance of mixed second and third rank is possible only when for every ω_r there are $\omega_s, p_j, \ldots, \omega_{s_2}, \omega_u, \omega_v, \ldots$ so that at least one of the equalities

$$\pm\omega_r = \omega_s - p_j, \qquad \omega_r = \omega_{s_1} + p_{j_1}, \tag{2.5}$$

$$\pm\omega_r = \omega_{s_2} + \omega_u - \omega_v, \qquad \omega_r = \omega_{s_3} + \omega_{u_1} + \omega_{v_1}, \tag{2.6}$$

exactly or approximately exists.

Among the equalities (2.6) there are some which are trivial

$$\omega_r = \omega_r + \omega_s - \omega_s, \quad (s = 1, 2, \ldots, m). \tag{2.7}$$

Excluding them only the equalities which determine interior resonance remain. A case of such a resonance of third rank for a conservative system with n degrees of freedom is considered in [7].

In the paper we shall assume that in the system (1.8) there is no interior resonance, i.e. among the equalities (2.6) only the equalities (2.7) are satisfied. In the cases, when this is not valid, the results of this paper and [7] must be combined.

3.

Let us assume, that among the frequencies there are no equal ones. Then the following three principal cases are possible.

I. In the first principal case the equalities

$$p_r \approx 2\omega_r, \quad (r = 1, 2, \ldots, m),$$

are approximately (or exactly) satisfied, i.e. here $N = m$. Here (as also in the following analogous cases) we assume, that other dependences which satisfy the equalities (2.5) don't exist.

Using the identity

$$\cos[(p_r - \omega_r)t - \psi_r + \varphi_r] =$$
$$= \cos\lambda_r\cos(\omega_rt - \varphi_r) - \sin\lambda_r\sin(\omega_rt - \varphi_r), \tag{3.1}$$

where

$$\lambda_r = (p_r - 2\omega_r)t - \psi_r + 2\varphi_r, \tag{3.2}$$

and comparing the corresponding terms in (2.4) we obtain the system

$$\ddot{A}_r + 2\omega_rA_r\dot{\varphi}_r - A_r\dot{\varphi}_r^2 =$$
$$= -\frac{\varepsilon}{m_r}\left\{\frac{1}{8}\tilde{g}_{rr}^{(rr)}(\omega_r, \omega_r, -\omega_r)A_r^3 + \right.$$
$$+ \frac{1}{4}\sum_{s=1}^{m}{}'\,\tilde{g}_{rr}^{(ss)}(\omega_r, \omega_s, -\omega_s)A_rA_s^2 +$$
$$\left. + \frac{1}{2}\tilde{g}_{rr}^{(n+r)}(\omega_r, -p_r)H_rA_r\cos\lambda_r\right\}, \tag{3.3}$$

$$A_r\ddot{\varphi}_r - 2\omega_r\dot{A}_r + 2\dot{A}_r\dot{\varphi}_r =$$
$$= \frac{1}{2}\frac{\varepsilon}{m_r}\tilde{g}_{rr}^{(n+r)}(\omega_r, -p_r)H_rA_r\sin\lambda_r, \quad (r = 1, 2, \ldots, m),$$

where the prime after Σ shows, that the summand with index r is dropped. By comparing the remaining terms in (2.4), m equations for the additive corrections q_{k1} $(k = 1, 2, \ldots, n)$ can be obtained. The remaining $n - m$ equations can be obtained after analogous transformations from (1.8). But as we shall discuss only the first order solution (according to KRYLOFF-BOGOLIUBOV) of (1.8), we shall not consider these equations for determining the additive corrections.

It is readily verified that any solution of the system

$$\frac{dA_r}{\varepsilon\, dt} = -\overline{H}_r A_r \sin\lambda_r\,,$$

$$\frac{d\varphi_r}{\varepsilon\, dt} = \alpha_{rr}A_r^2 + 2\sum_{s=1}^{m}{}' \alpha_{sr}A_s^2 - \overline{H}_r\cos\lambda_r\,, \tag{3.4}$$

$$(r = 1, 2, \ldots, m)\,,$$

where

$$\overline{H}_r = \frac{1}{4m_r\omega_r}\tilde{g}_{rr}^{(n+r)}(\omega_r, -p_r)\,H_r\,,$$

$$\alpha_{sr} = -\frac{1}{16m_r\omega_r}\tilde{g}_{rr}^{(ss)}(\omega_r, \omega_s, -\omega_s) \mp \alpha_{rs}\,,$$

satisfies (3.3) to first order in ε.

Using (3.2) from (3.4) we obtain the autonomous system

$$\frac{dA_r}{\varepsilon\, dt} = -\overline{H}_r A_r \sin\lambda_r\,,$$

$$\frac{d\lambda_r}{\varepsilon\, dt} = 2\overline{m}_r + 2\alpha_{rr}A_r^2 + 4\sum_{s=1}^{m}{}'\alpha_{sr}A_s^2 - 2\overline{H}_r\cos\lambda_r\,, \tag{3.5}$$

$$(r = 1, 2, \ldots, m)\,,$$

where $\overline{m}_r = \frac{p_r - \omega_r}{2\varepsilon}$ are detuning parameters.

The system (3.5) gives an integral picture of all possible resonant oscillations. It has trivial solutions — they are obtained when the right parts of the equations are equal to zero. It has also non-trivial solutions, which are found after integration.

The systems of the type of (3.5) we shall call canonical for the considered resonant case.

4.

In the second principal case we have two variants.

a. Now the equalities

$$\omega_{2r-1} \approx p_r - \omega_{2r}\,,\quad \omega_{2r} \approx p_r - \omega_{2r-1}\,,\quad (r = 1, 2, \ldots, m)\,,$$

are satisfied. It is clear, that now we have $2m$-frequency oscillations with m excitations.

Applying the method we are already familiar with we obtain the system

$$\frac{d\overline{A}_{2r-1}}{\varepsilon\, dt} = -\overline{H}_r\overline{A}_{2r}\sin\lambda_r\,,$$

$$\frac{d\overline{A}_{2r}}{\varepsilon\, dt} = -\overline{H}_r\overline{A}_{2r-1}\sin\lambda_r\,,$$

$$\frac{d\varphi_{2r-1}}{\varepsilon\, dt} = \alpha_{2r-1,2r-1}\overline{A}_{2r-1}^2 + 2\sum_{s=1}^{2m}{}'\alpha_{s,2r-1}\overline{A}_s^2 - \overline{H}_r\frac{\overline{A}_{2r}}{\overline{A}_{2r-1}}\cos\lambda_r\,, \tag{4.1}$$

$$\frac{d\varphi_{2r}}{\varepsilon\, dt} = \alpha_{2r,2r}\overline{A}_{2r}^2 + 2\sum_{s=1}^{2m}{}'\alpha_{s,2r}\overline{A}_s^2 - \overline{H}_r\frac{\overline{A}_{2r-1}}{\overline{A}_{2r}}\cos\lambda_r\,,\quad (r = 1, 2, \ldots, m)$$

where

$$\lambda_r = (p_r - \omega_{2r-1} - \omega_{2r})\,t - \psi_r + \varphi_{2r-1} + \varphi_{2r}\,, \tag{4.2}$$

and also

$$\overline{H}_r = \frac{1}{4}\tilde{g}_{2r,2r-1}^{(n+r)}(\omega_{2r}, -p_r)\,H_r(\omega_{2r-1}m_{2r-1}\omega_{2r}m_{2r})^{-1/2}\,,$$

$$\overline{A}_s^2 = m_s\omega_s A_s^2\,,$$

$$\alpha_{sk} = -\frac{\tilde{g}_{ss}^{(kk)}(\omega_k, \omega_s, -\omega_s)}{16m_k\omega_k m_s\omega_s} = \alpha_{ks}\,.$$

The first two equations of (4.1) have the integral

$$\overline{A}_{2r-1}^2 - \overline{A}_{2r}^2 = \varkappa\,, \tag{4.3}$$

where $\varkappa$ is a constant of integration.

Using (4.3) and (4.2) from (4.1) we obtain the canonical system

$$\frac{d\overline{A}_{2r}}{\varepsilon\, dt} = -\overline{H}_r(\varkappa + \overline{A}_{2r}^2)^{1/2}\sin\lambda_r\,,$$

$$\frac{d\lambda_r}{\varepsilon\, dt} = 2\overline{m}_r + 4\overline{\alpha}_{2r,2r}\overline{A}_{2r}^2 + 2\sum_{s=1}^{2m}{}''\overline{\alpha}_{sr}\overline{A}_s^2 - \frac{\overline{H}_r(\varkappa + 2\overline{A}_{2r}^2)}{\overline{A}_{2r}(\varkappa + \overline{A}_{2r}^2)^{1/2}}\cos\lambda_r\,,\quad (r = 1, 2, \ldots, m)\,, \tag{4.4}$$

where

$$2\overline{m}_r = \frac{p_r - \omega_{2r} - \omega_{2r-1}}{\varepsilon} + (\alpha_{2r-1,2r-1} + 2\alpha_{2r,2r-1})\,\varkappa\,,$$

$$4\overline{\alpha}_{2r,2r} = \alpha_{2r-1,2r-1} + 4\alpha_{2r,2r-1} + \alpha_{2r,2r}\,,$$

$$\overline{\alpha}_{sr} = \alpha_{s,2r-1} + \alpha_{s,2r} \mp \overline{\alpha}_{rs}\,,\qquad (s \neq 2r-1, 2r)\,,$$

and the double prime after Σ shows that the summands with indexes $2r-1$ and $2r$ are dropped.

b. Now the equalities

$$\omega_{2r-1} \approx \omega_{2r} - p_r\,,\quad \omega_{2r} \approx \omega_{2r-1} + p_r\,,\quad (r = 1, 2, \ldots, m)\,,$$

are satiesfied.

Following the same method we obtain the system

$$\frac{d\overline{A}_{2r-1}}{\varepsilon\, dt} = -\overline{H}_r\overline{A}_{2r}\sin\lambda_r\,,$$

$$\frac{d\overline{A}_{2r}}{\varepsilon\, dt} = \overline{H}_r\overline{A}_{2r-1}\sin\lambda_r\,,$$

$$\frac{d\varphi_{2r-1}}{\varepsilon\, dt} = \alpha_{2r-1,2r-1}\overline{A}_{2r-1}^2 + 2\sum_{s=1}^{2m}{}'\alpha_{s,2r-1}\overline{A}_s^2 - \overline{H}_r\frac{\overline{A}_{2r}}{\overline{A}_{2r-1}}\cos\lambda_r\,, \tag{4.5}$$

$$\frac{d\varphi_{2r}}{\varepsilon\, dt} = \alpha_{2r,2r}\overline{A}_{2r}^2 + 2\sum_{s=1}^{2m}{}'\alpha_{s,2r}\overline{A}_s^2 - \overline{H}_r\frac{\overline{A}_{2r-1}}{\overline{A}_{2r}}\cos\lambda_r\,,\quad (r = 1, 2, \ldots, m)\,,$$

where

$$\lambda_r = (\omega_{2r} - p_r - \omega_{2r-1})\,t - \varphi_{2r} + \psi_r + \varphi_{2r-1}\,, \tag{4.6}$$

and all other quantities are as in (4.1).

The first two equations in (4.5) posses the integral

$$\overline{A}_{2r-1}^2 + \overline{A}_{2r}^2 = \varkappa^2\,, \tag{4.7}$$

where $\varkappa^2$ is a constant of integration.

Using (4.5), (4.6) and (4.7) we obtain the canonical system

$$\frac{d\overline{A}_{2r}}{\varepsilon\, dt} = \overline{H}_r(\varkappa^2 - \overline{A}_{2r}^2)^{1/2}\sin\lambda_r\,,$$

$$\frac{d\lambda_r}{\varepsilon\, dt} = 2\overline{m}_r + 4\overline{\alpha}_{2r,2r}\overline{A}_{2r}^2 + 2\sum_{s=1}^{2m}{}''\overline{\alpha}_{sr}\overline{A}_s^2 + \frac{\overline{H}_r(\varkappa^2 - 2\overline{A}_{2r}^2)}{\overline{A}_{2r}(\varkappa^2 - \overline{A}_{2r}^2)^{1/2}}\cos\lambda_r\,,\quad (r = 1, 2, \ldots, m)\,, \tag{4.8}$$

where

$$2\overline{m}_r = \frac{\omega_{2r} - p_r - \omega_{2r-1}}{\varepsilon} + (\alpha_{2r-1,2r-1} - 2\alpha_{2r-1,2r})\,\varkappa^2\,,$$

$$4\overline{\alpha}_{2r,2r} = -\alpha_{2r-1,2r-1} + 4\alpha_{2r-1,2r} - \alpha_{2r,2r}\,,$$

$$\overline{\alpha}_{sr} = \alpha_{s,2r-1} - \alpha_{s,2r} \mp \overline{\alpha}_{rs}\,,\qquad (s \neq 2r-1, 2r)\,.$$

The variants a. and b. differ essentially. And besides the integral (4.7) is typical for the interior resonance [8]. Now it turned out, that the external excitations can provoke a specific resonant phenomena, which are typical of the interior resonance.

Generally speaking independent groups of frequencies take part in the first two principal cases in the equalities, which determine the resonant case and because of that the equations in the canonical systems are also grouped in a corresponding manner. When $m = 1$ all canonical systems are integrable. So the system (3.5) possesses the integral

$$\overline{m}_1 A_1^2 + \frac{1}{2}\alpha_{11} A_1^4 - \overline{H}_1 A_1^2 \cos\lambda_1 = c_0 , \tag{4.9}$$

the system (4.4) — the integral

$$\overline{m}_1 \overline{A}_2^2 + \overline{\alpha}_{22} \overline{A}_2^4 - \overline{H}_1 \overline{A}_2(\varkappa + \overline{A}_2^2)^{1/2} \cos\lambda_1 = c_0 , \tag{4.10}$$

the system (4.8) — the integral

$$\overline{m}_1 \overline{A}_2^2 + \overline{\alpha}_{22} \overline{A}_2^4 + \overline{H}_1 \overline{A}_2(\varkappa^2 - \overline{A}_2^2)^{1/2} \cos\lambda_1 = c_0 , \tag{4.11}$$

where c_0 is a constant of integration.

Further A_1^2 and $\overline{A}_2^2$ can be determined by elliptic functions of the time εt.

The canonical system (3.5) (for $m = 1$) in a particular case has been obtained and investigated by STRUBLE [5] by considering the oscillations of a pendulum under parametric excitation.

It is convenient to investigate the canonical systems (3.5), (4.4), (4.8) (for $m = 1$) in the phase plane, where $A_1(\overline{A}_2)$ and λ_1 are natural polar coordinates. The phase trajectories are given by the expressions (4.9), (4.10), (4.11). The picture of the phase trajectories give a very clear representation of all possible motions in the system.

5.

We shall only mention the third principal case and shall not discuss it in detail. In the third principal case the frequencies ω_i and p_j are ordered in a series for which every three consequent terms are connected by equalities typical for the second principal case. In this case the canonical systems are much more complicated than the canonical systems in the previous cases. Now the canonical systems consist of $5m - 2$ equations with unknowns $-2m$ amplitudes A_r and $3m - 2$ variables λ_i. The oscillations are $2m$-frequency ones.

The considered principal cases don't exhaust all possible cases of resonance. They only describe the main directions in the investigations of the different resonant cases. Cases in which there are various combinations of the principal cases are possible. Cases in which there are equal frequencies are possible, too.

6.

As an illustration of the so-developed theory we shall consider the motion of a n-multiple physical pendulum, whose point of suspension performs harmonic oscillations along a vertical axis. Let us consider the motion of the n-multiple physical pendulum in the coordinate system $O'XY$, where the axis $O'Y$ is vertical (Fig. 1). The pendulum consists of n rigid bodies, which rotate about the parallel axes $O, O_1, \dots, O_{n-1}$. Let us denote: The centre of gravity of the i-th pendulum $-S_i$, the angle between the axis Y and $\overline{O_{i-1}S_i}$ $- q_i$, the moment of inertia of the i-th pendulum about the axis which passes through the point S_i and is perpendicular to the plane $XO'Y$ $- J_i$, the mass of the i-th pendulum $-M_i$, $a_i = \overline{O_{i-1}S_i}$, $b_i = \overline{O_{i-1}O_i}$. The points S_i lie on the lines O_iO_{i-1} $(i = 1, 2, \dots, n,\ O_0 = O)$. The axis O (which is always horizontal) moves in a vertical plane by the law $\varepsilon H \cos(pt - \psi)$.

Then after some calculations we shall obtain the differential equations of the motion of the system —

$$B_i \sum_{k=1}^{i-1} b_k \ddot{q}_k + (C_i + J_i)\,\ddot{q}_i + b_i \sum_{k=i+1}^{n} B_k \ddot{q}_k + gB_i q_i = \varepsilon F_i^* ,$$

$$(i = 1, 2, \dots, n) , \tag{6.1}$$

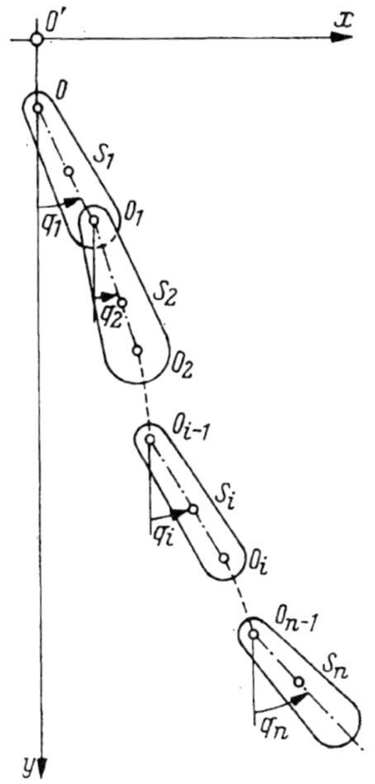

Fig. 1

where we have denoted as in [9] —

$$C_i = a_i^2 M_i + b_i^2 \sum_{k=i+1}^{n} M_k , \qquad B_i = a_i M_i + b_i \sum_{k=i+1}^{n} M_k ,$$

and also

$$F_i^* = B_i \sum_{k=1}^{i-1} b_k \left[\frac{1}{2}(q_i - q_k)^2\, \ddot{q}_k - (q_i - q_k)\, \dot{q}_k^2\right] +$$
$$+ b_i \sum_{k=i+1}^{n} B_k \left[\frac{1}{2}(q_i - q_k)^2\, \ddot{q}_k - (q_i - q_k)\, \dot{q}_k^2\right] +$$
$$+ \frac{1}{6} g B_i q_i^3 - Hp^2 B_i q_i \cos(pt - \psi) ,$$

while g is the acceleration of gravity.

Further the system (2.4) is again obtained, where

$$-F_r = -\frac{1}{2}\sum_{s=1}^{m} p^2 h_{rs}^{(n+1)} H A_s \{\cos[(\omega_s - p)\,t - \varphi_s + \psi] +$$
$$+ \cos[(\omega_s + p)\,t - \varphi_s - \psi]\} +$$
$$+ \frac{1}{24}\sum_{s,u,v=1}^{m} A_s A_u A_v \{[\tilde{g}_{rs}^{(uv)}(\omega_s, \omega_u, -\omega_v) +$$
$$+ \tilde{g}_{ru}^{(vs)}(\omega_u, -\omega_v, \omega_s) + \tilde{g}_{rv}^{(su)}(-\omega_v, \omega_s, \omega_u)] \times$$
$$\times \cos[(\omega_s + \omega_u - \omega_v)\,t - \varphi_s - \varphi_u + \varphi_v] +$$
$$+ \tilde{g}_{rs}^{(uv)}(\omega_s, \omega_u, \omega_v) \cos[(\omega_s + \omega_u + \omega_v)\,t - \varphi_s - \varphi_u - \varphi_v)\} ,$$

$$h_{rs}^{(n+1)} = \sum_{i=1}^{n} B_i L_i^{(r)} L_i^{(s)} ,$$

$$\tilde{g}_{rs}^{(uv)}(\omega_s, \omega_u, \omega_v) = g_{rs}^{(uv)} - h_{rs}^{(uv)}(\omega_s, \omega_u, \omega_v) ,$$

$$h_{rs}^{(uv)}(\omega_s, \omega_u, \omega_v) =$$
$$= \sum_{\substack{i,k=1 \\ (i<k)}}^{n} b_i B_k \{3\omega_v^2 [L_i^{(r)} L_k^{(v)} (L_i^{(u)} L_i^{(s)} - 2L_i^{(u)} L_k^{(s)} + L_k^{(u)} L_k^{(s)}) +$$
$$+ L_k^{(r)} L_i^{(v)} (L_k^{(u)} L_k^{(s)} - 2L_k^{(u)} L_i^{(s)} + L_i^{(u)} L_i^{(s)})] -$$
$$- 6\omega_v\omega_u [L_i^{(r)} L_k^{(v)} L_k^{(u)} (L_i^{(s)} - L_k^{(s)}) +$$
$$+ L_k^{(r)} L_i^{(v)} L_i^{(u)} (L_k^{(s)} - L_i^{(s)})]\} ,$$

$$g_{rs}^{(uv)} = g \sum_{i=1}^{n} B_i L_i^{(r)} L_i^{(s)} L_i^{(u)} L_i^{(v)} .$$

The indexes in $h_{rs}^{(uv)}(\ldots)$ (and also in $\tilde{g}_{rs}^{(uv)}(\ldots)$) are non-commutative.

Now the two first principal cases are possible.

Let us have for one of the frequencies ω_i (which we shall denote ω_1) the equality $p \approx 2\omega_1$.

The canonical system for this case is given by (3.5) for $m = 1$, where

$$\overline{H}_1 = \frac{Hp^2}{4m_1\omega_1} h_{11}^{(n+1)}, \qquad \alpha_{11} = \frac{1}{16m_1\omega_1}\left(g_{11}^{(11)} - 4\omega_1^2 h_{11}^{(11)}\right).$$

Because of the equal indexes in $h_{11}^{(11)}$, it has simple form –

$$h_{rr}^{(rr)} = \sum_{\substack{i,k=1\\(i<k)}}^{n} b_i B_k L_i^{(r)} L_k^{(r)} \left(L_i^{(r)} - L_k^{(r)}\right)^2, \qquad (r = 1, 2, \ldots).$$

Here the integral (4.9) is valid.

Let us have for two of the frequencies ω_i (which we shall denote ω_1 and ω_2) the equalities $\omega_1 \approx p - \omega_2$, $\omega_2 \approx p - \omega_1$.

Now, the canonical system (4.4) for $m = 1$ is valid in which

$$\overline{H}_1 = \frac{1}{4} Hp^2 h_{12}^{(n+1)} (m_1\omega_1 m_2\omega_2)^{-1/2},$$

$$\alpha_{rr} = \frac{1}{16m_r^2\omega_r^2}\left(g_{rr}^{(rr)} - 4\omega_r^2 h_{rr}^{(rr)}\right), \qquad (r = 1, 2),$$

$$\alpha_{12} = \alpha_{21} = \frac{g_{22}^{(11)} - h_{22}^{(11)}}{16m_1\omega_1 m_2\omega_2},$$

$$h_{22}^{(11)} = \sum_{\substack{i,k=1\\(i<k)}}^{n} b_i B_k \left[2\omega_1^2 L_i^{(1)} L_k^{(1)} \left(L_k^{(2)} - L_i^{(2)}\right)^2 + \right.$$
$$\left. + 2\omega_2^2 L_i^{(2)} L_k^{(2)} \left(L_k^{(1)} - L_i^{(1)}\right)^2\right].$$

If the two frequencies ω_1 and ω_2 satisfy the equalities $\omega_1 \approx \omega_2 - p$, $\omega_2 \approx \omega_1 + p$ we shall have the variant b. with the canonical system (4.8) for $m = 1$.

The considered example confirm the statement, that the assumption made by us for the commutativity of the indexes in $a_{ik}^{(j)}, a_{ik}^{(js)}, \ldots$ don't concern the quality of the obtained results. In the system (6.1) there is no such commutativity, but we again obtain the canonical systems (3.5), (4.4) and (4.8).

References

1 Bogoliubov, N. N., Mitropolskiy, Yu. A., Asymptotic methods in the theory of nonlinear oscillations, Gos. Izd. Fiz. Mat., Moscow, 1963.
2 Mitropolskiy, Yu. A., Averaging method in nonlinear mechanics, Naukova dumka, Kiev, 1971.
3 Rubanik, V. P., Oscillations in the time-lag quasi-linear systems, Nauka, Moscow, 1969.
4 Struble, R. A., Nonlinear differential equations, McGraw-Hill Book Co., 1962, Chapter 8.
5 Struble, R. A., Oscillations of a pendulum under parametric excitation, Quarterly of Applied Mathematics, **XXI**, No 2 (1963).
6 Cheshankov, B. I., Monofrequent resonance oscillations with external excitation, Comptes rendus de l'Académie bulgare des Sciences **25**, No 11 (1972).
7 Cheshankov, B. I., Multifrequency resonant oscillations of third rank of the conservative systems, Bulgarian Academy of sciences, Theoretical and applied mechanics, 1973, year IV, No 3.
8 Cheshankov, B. I., Bi-frequency resonance oscillations of conservative systems, Comptes rendus de l'Académie bulgare des Sciences **25**, No 12 (1972).
9 Bradistilov, G., Über periodische und asymptotische Lösungen beim n-fachen Pendel in der Ebene, Math. Annalen **116** (1938).

Eingereicht am 16. 7. 1973

Anschrift: Bojidar Ivanov Cheshankov, doz, k.t.n., Sofia, ul. Rakovsky 166 A, Bulgarien

ZAMM 54, 366 – 369 (1974)

P. Zimmermann / S. Imer

Freie Schwingungen polarorthotroper Kreisringplatten

Anisotropes Materialverhalten kann durch die Beziehung

$$\sigma_{jk} = G \sum_{l,m=1}^{3} \alpha_{mljk} \varepsilon_{lm} \tag{1}$$

zwischen den Spannungen σ_{jk} und den Verzerrungen ε_{lm} beschrieben werden; der ideelle Schubmodul $G > 0$ dient als Maßstabsfaktor. Da die 81 Komponenten α_{jklm} des Materialtensors den Symmetriebedingungen

$$\alpha_{jklm} = \alpha_{jkml} = \alpha_{kjlm} = \alpha_{kjml} = \alpha_{lmjk}$$

gehorchen, sind nur 21 voneinander unabhängig [1], [2].

Bei Orthotropie in Richtung der 3 Achsen von Kreiszylinderkoordinaten r, ψ, z vereinfacht sich (1) zu

$$\sigma_{rr} = G(\alpha_{rrrr}\varepsilon_{rr} + \alpha_{rr\psi\psi}\varepsilon_{\psi\psi} + \alpha_{rrzz}\varepsilon_{zz}), \tag{2a}$$

$$\sigma_{\psi\psi} = G(\alpha_{\psi\psi rr}\varepsilon_{rr} + \alpha_{\psi\psi\psi\psi}\varepsilon_{\psi\psi} + \alpha_{\psi\psi zz}\varepsilon_{zz}), \tag{2b}$$

$$\sigma_{zz} = G(\alpha_{zzrr}\varepsilon_{rr} + \alpha_{zz\psi\psi}\varepsilon_{\psi\psi} + \alpha_{zzzz}\varepsilon_{zz}), \tag{2c}$$

$$\sigma_{r\psi} = 2G\alpha_{r\psi r\psi}\varepsilon_{r\psi}, \tag{2d}$$

$$\sigma_{\psi z} = 2G\alpha_{\psi z\psi z}\varepsilon_{\psi z}, \tag{2e}$$

$$\sigma_{zr} = 2G\alpha_{zrzr}\varepsilon_{zr} \tag{2f}$$

mit 9 voneinander unabhängigen α_{jklm}. Die Inversion von (2 a, b, c) liefert

$$\varepsilon_{rr} = \frac{1}{G}(+\beta_{rrrr}\sigma_{rr} - \beta_{rr\psi\psi}\sigma_{\psi\psi} - \beta_{rrzz}\sigma_{zz}), \tag{3a}$$

$$\varepsilon_{\psi\psi} = \frac{1}{G}(-\beta_{\psi\psi rr}\sigma_{rr} + \beta_{\psi\psi\psi\psi}\sigma_{\psi\psi} - \beta_{\psi\psi zz}\sigma_{zz}), \tag{3b}$$

$$\varepsilon_{zz} = \frac{1}{G}(-\beta_{zzrr}\sigma_{rr} - \beta_{zz\psi\psi}\sigma_{\psi\psi} + \beta_{zzzz}\sigma_{zz}) \tag{3c}$$

mit

$$\beta_{rrrr} = \frac{\alpha_{\psi\psi\psi\psi}\alpha_{zzzz} - \alpha_{\psi\psi zz}^2}{H}, \quad \beta_{rr\psi\psi} = \frac{\alpha_{zzzz}\alpha_{rr\psi\psi} - \alpha_{\psi\psi zz}\alpha_{zzrr}}{H}, \tag{4a, d}$$

$$\beta_{\psi\psi\psi\psi} = \frac{\alpha_{zzzz}\alpha_{rrrr} - \alpha_{zzrr}^2}{H}, \quad \beta_{\psi\psi zz} = \frac{\alpha_{rrrr}\alpha_{\psi\psi zz} - \alpha_{rr\psi\psi}\alpha_{zzrr}}{H}, \tag{4b, e}$$

$$\beta_{zzzz} = \frac{\alpha_{rrrr}\alpha_{\psi\psi\psi\psi} - \alpha_{rr\psi\psi}^2}{H}, \quad \beta_{zzrr} = \frac{\alpha_{\psi\psi\psi\psi}\alpha_{zzrr} - \alpha_{rr\psi\psi}\alpha_{\psi\psi zz}}{H}, \tag{4c, f}$$

$$H = \alpha_{rrrr}\alpha_{\psi\psi\psi\psi}\alpha_{zzzz} + 2\alpha_{rr\psi\psi}\alpha_{\psi\psi zz}\alpha_{zzrr} -$$
$$- (\alpha_{rrrr}\alpha_{\psi\psi zz}^2 + \alpha_{\psi\psi\psi\psi}\alpha_{zzrr}^2 + \alpha_{zzzz}\alpha_{rr\psi\psi}^2). \tag{4g}$$

Die neun α_{jklm} bzw. $\beta_{jklm} = \beta_{lmjk}$ sind zwar voneinander unabhängig; da sie aber das elastische Verhalten eines realen Materials beschreiben sollen, das sich unter Belastung „vernünftig" verhält, sind sie einer Anzahl von Schranken unterworfen [1]:

$$\alpha_{jjjj} \geqq 0, \quad \alpha_{jjkk} \geqq 0, \quad \alpha_{jkjk} = 1/\beta_{jkjk} \geqq 0,$$
$$\beta_{jjjj} \geqq 0, \quad \beta_{jjkk} \geqq 0, \quad \beta_{jjjj} \geqq \beta_{jjkk} + \beta_{lljj}.$$

Die weiteren Grundgleichungen der Elastokinetik in Kreiszylinderkoordinaten [3] sind – neben dem (physikalisch) linearen Materialgesetz – die (geometrisch) linearisierten Verzerrungs-Verschiebungsbeziehungen

$$\varepsilon_{rr} = \frac{\partial u_r}{\partial r}, \; \varepsilon_{\psi\psi} = \frac{1}{r}\frac{\partial u_\psi}{\partial \psi} + \frac{u_r}{r}, \; \varepsilon_{zz} = \frac{\partial u_z}{\partial z}, \tag{5a, b, c}$$

$$\varepsilon_{r\psi} = \frac{1}{2}\left[\frac{1}{r}\frac{\partial u_r}{\partial \psi} + r\frac{\partial}{\partial r}\left(\frac{u_\psi}{r}\right)\right], \tag{5d}$$

$$\varepsilon_{\psi z} = \frac{1}{2}\left[\frac{\partial u_\psi}{\partial z} + \frac{1}{r}\frac{\partial u_z}{\partial \psi}\right], \quad \varepsilon_{zr} = \frac{1}{2}\left[\frac{\partial u_z}{\partial r} + \frac{\partial u_r}{\partial z}\right] \tag{5e, f}$$

und die dynamischen Beziehungen

$$\frac{1}{r}\frac{\partial}{\partial r}(r\,\sigma_{rr}) + \frac{1}{r}\frac{\partial \sigma_{r\psi}}{\partial \psi} + \frac{\partial \sigma_{rz}}{\partial z} - \frac{\sigma_{\psi\psi}}{r} = \varrho\frac{\partial^2 u_r}{\partial t^2}, \tag{6a}$$

$$\frac{1}{r}\frac{\partial}{\partial r}(r\,\sigma_{\psi r}) + \frac{1}{r}\frac{\partial \sigma_{\psi\psi}}{\partial \psi} + \frac{\partial \sigma_{\psi z}}{\partial z} + \frac{\sigma_{r\psi}}{r} = \varrho\frac{\partial^2 u_\psi}{\partial t^2}, \tag{6b}$$

$$\frac{1}{r}\frac{\partial}{\partial r}(r\,\sigma_{zr}) + \frac{1}{r}\frac{\partial \sigma_{z\psi}}{\partial \psi} + \frac{\partial \sigma_{zz}}{\partial z} = \varrho\frac{\partial^2 u_z}{\partial t^2}. \tag{6c}$$

Die KIRCHHOFFsche Biegetheorie dünner, kreisförmig begrenzter Platten [4] geht im wesentlichen aus von den Näherungen

$$\varepsilon_{zz} = \frac{\partial u_z}{\partial z} = 0\,, \quad \text{d. h.} \quad u_z = u_z(r, \psi; t)\,, \tag{7a}$$

$$\sigma_{zz} \ll \sigma_{rr}\,,\ \sigma_{\psi\psi}\,, \tag{7b}$$

$$\varepsilon_{jk}(r, \psi, z = 0; t) = 0\,, \tag{7c}$$

$$\varepsilon_{\psi z}\,,\ \varepsilon_{zr} \approx 0\,, \tag{7d}$$

$$\frac{\partial u_z}{\partial r} \ll 1\,,\ \frac{1}{r}\frac{\partial u_z}{\partial \psi} \ll 1\,. \tag{7c}$$

(7a, b) reduziert (3a, b) auf

$$\varepsilon_{rr} = \frac{1}{G}\,(+\,\beta_{rrrr}\,\sigma_{rr} - \beta_{rr\psi\psi}\,\sigma_{\psi\psi})\,, \tag{8a}$$

$$\varepsilon_{\psi\psi} = \frac{1}{G}\,(-\,\beta_{rr\psi\psi}\,\sigma_{rr} + \beta_{\psi\psi\psi\psi}\,\sigma_{\psi\psi})\,. \tag{8b}$$

Mit „technischen" Konstanten gemäß

$$\frac{\beta_{rrrr}}{G} := \frac{1}{E_r}\,, \quad \frac{\beta_{\psi\psi\psi\psi}}{G} := \frac{1}{E_\psi}\,, \quad \frac{\beta_{rr\psi\psi}}{G} := \frac{\nu_r}{E_r} = \frac{\nu_\psi}{E_\psi}\,,$$

$$2G\alpha_{r\psi r\psi} = \frac{(1-\nu_{r\psi})\,E_r}{1-\nu_r\,\nu_\psi}$$

lauten die Verzerrungen (8a, b), (2d):

$$\varepsilon_{rr} = \frac{1}{E_r}\,\sigma_{rr} - \frac{\nu_\psi}{E_\psi}\,\sigma_{\psi\psi}\,, \quad \varepsilon_{\psi\psi} = \frac{1}{E_\psi}\,\sigma_{\psi\psi} - \frac{\nu_r}{E_r}\,\sigma_{rr}\,,$$

$$\varepsilon_{r\psi} = \frac{1-\nu_r\nu_\psi}{(1-\nu_{r\psi})\,E_r}\,\sigma_{r\psi}\,.$$

Ihre Inversion liefert

$$\sigma_{rr} = Q\,(\varepsilon_{rr} + \nu_\psi\varepsilon_{\psi\psi})\,, \tag{9a}$$

$$\sigma_{\psi\psi} = Q\,(s^2\varepsilon_{\psi\psi} + \nu_\psi\varepsilon_{rr})\,, \tag{9b}$$

$$\sigma_{r\psi} = (1-\nu_{r\psi})\,Q\varepsilon_{r\psi}\,; \tag{9c}$$

dabei sind der polarorthotrope Plattendehnmodul

$$Q := \frac{E_r}{1-\nu_r\nu_\psi} = G\,\frac{\beta_{\psi\psi\psi\psi}}{\beta_{rrrr}\beta_{\psi\psi\psi\psi} - \beta^2_{rr\psi\psi}}$$

$$= G\,\frac{\alpha_{zzzz}\alpha_{rrrr} - \alpha^2_{zzrr}}{\alpha_{zzzz}} \geqq 0$$

und der Anisotropiegrad

$$s := \sqrt{\frac{E_\psi}{E_r}} = \sqrt{\frac{\nu_\psi}{\nu_r}} = \sqrt{\frac{\beta_{rrrr}}{\beta_{\psi\psi\psi\psi}}} = \sqrt{\frac{\alpha_{\psi\psi\psi\psi}\alpha_{zzzz} - \alpha^2_{\psi\psi zz}}{\alpha_{zzzz}\alpha_{rrrr} - \alpha^2_{zzrr}}} \geqq 0$$

zweckmäßige Abkürzungen [2]. Der isotrope Sonderfall ist durch

$$\alpha_{jjjj} = \frac{2(1-\nu)}{1-2\nu}\,, \quad \alpha_{jjkk} = \frac{2\,\nu}{1-2\nu}\,, \quad \alpha_{jkjk} = 1\,,$$

$$\beta_{jjjj} = \frac{1}{2\,(1+\nu)}\,, \quad \beta_{jjkk} = \frac{\nu}{2\,(1+\nu)}$$

bzw.

$$\nu_r = \nu_\psi = \nu_{r\psi} = \nu\,, \quad E_r = E_\psi = E = 2\,G\,(1+\nu)$$

also

$$Q = E/(1-\nu^2)\,, \qquad s = 1$$

gekennzeichnet [1], [2].

Die restlichen Näherungen (7c, d, e) erlauben die Rückführung der Verschiebungen u_r und u_ψ auf die Durchbiegung $u_z := w(r, \psi; t)$ der Plattenmittelfläche:

$$u_r(r, \psi, z; t) = -\,z\,\frac{\partial w}{\partial r}\,, \quad u_\psi(r, \psi, z; t) = -\,z\,\frac{1}{r}\,\frac{\partial w}{\partial \psi}\,.$$

Damit erhält man die nicht verschwindenden Verzerrungen aus (3a, b), (2d) und dann weiter nach (9a, b, c) mit (5a, b, d)

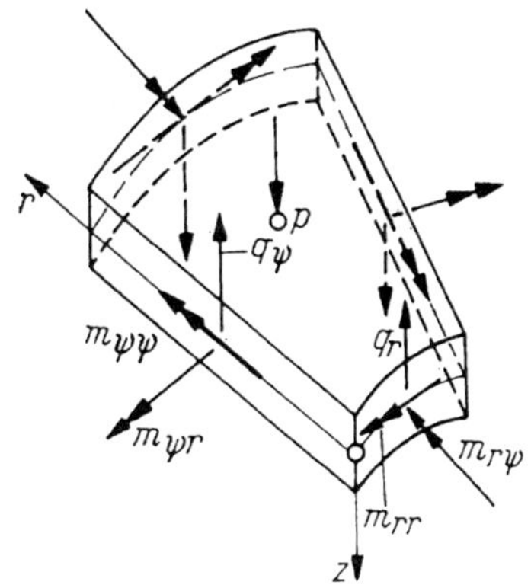

Bild 1. Spannungen am Plattenelement

die Spannungen (Bild 1)

$$\sigma_{rr} = -\,Q\,z\left[\frac{\partial^2 w}{\partial r^2} + \nu_\psi\left(\frac{1}{r}\,\frac{\partial w}{\partial r} + \frac{1}{r^2}\,\frac{\partial^2 w}{\partial \psi^2}\right)\right],$$

$$\sigma_{\psi\psi} = -\,Q\,z\left[s^2\left(\frac{1}{r}\,\frac{\partial w}{\partial r} + \frac{1}{r^2}\,\frac{\partial^2 w}{\partial \psi^2}\right) + \nu_\psi\,\frac{\partial^2 w}{\partial r^2}\right],$$

$$\sigma_{r\psi} = -\,(1-\nu_{r\psi})\,Q\,z\,\frac{\partial}{\partial r}\left(\frac{1}{r}\,\frac{\partial w}{\partial \psi}\right).$$

Als Integralwerte dieser Spannungen über die Plattenhöhe h werden die Schnittlasten pro Schnittlängeneinheit eingeführt. Dies sind die Querkräfte

$$q_r = \int_{-h/2}^{+h/2} \sigma_{rz}\,dz\,, \quad q_\psi = \int_{-h/2}^{+h/2} \sigma_{\psi z}\,dz\,, \tag{10a, b}$$

die Biegemomente

$$m_{rr} = \int_{-h/2}^{+h/2} \sigma_{rr}z\,dz = -\,QJ'\left[\frac{\partial^2 w}{\partial r^2} + \nu_\psi\left(\frac{1}{r}\,\frac{\partial w}{\partial r} + \frac{1}{r^2}\,\frac{\partial^2 w}{\partial \psi^2}\right)\right], \tag{11a}$$

$$m_{\psi\psi} = \int_{-h/2}^{+h/2} \sigma_{\psi\psi}z\,dz = -\,QJ'\left[s^2\left(\frac{1}{r}\,\frac{\partial w}{\partial r} + \frac{1}{r^2}\,\frac{\partial^2 w}{\partial \psi^2}\right) + \right.$$
$$\left. + \nu_\psi\,\frac{\partial^2 w}{\partial r^2}\right] \tag{11b}$$

und das Torsionsmoment

$$m_{r\psi} = \int_{-h/2}^{+h/2} \sigma_{r\psi}z\,dz = -\,(1-\nu_{r\psi})\,QJ'\,\frac{\partial}{\partial r}\left(\frac{1}{r}\,\frac{\partial w}{\partial \psi}\right) \tag{11c}$$

(Bild 2); dabei ist

$QJ' = Qh^3/12$

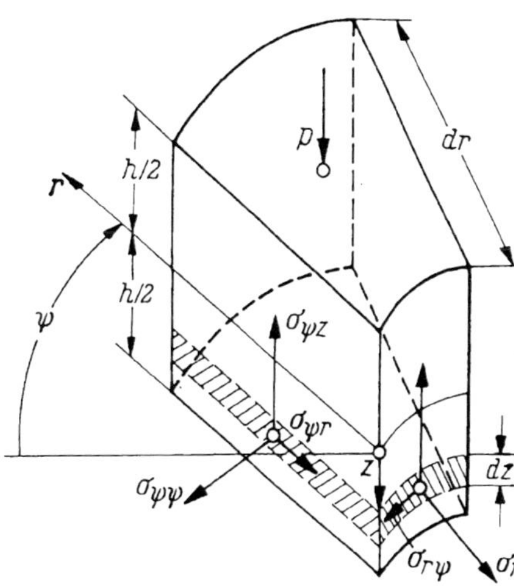

Bild 2. Schnittlasten am Plattenelement

die längenspezifische Biegesteifigkeit der polarorthotropen Platte. Die Schnittlasten allgemein anisotroper und speziell auch einiger orthotroper Platten finden sich in einer umfassenden, in unserem Sprachraum wohl noch nicht ausgeschöpften russischen Arbeit von S. G. LECHNICKIJ aus dem Jahre 1938 [5], die sich mit der Biegung unter statischen Randlasten befaßt.

Die Integration von (6a, b, c) liefert — unter Berücksichtigung von (7b) —

$$\frac{1}{r}\frac{\partial}{\partial r}(r m_{rr}) + \frac{1}{r}\frac{\partial m_{r\psi}}{\partial \psi} - \frac{m_{\psi\psi}}{r} - q_r = -\frac{\varrho h^3}{12}\frac{\partial^2}{\partial t^2}\left(\frac{\partial w}{\partial r}\right), \tag{12a}$$

$$\frac{1}{r}\frac{\partial}{\partial r}(r m_{r\psi}) + \frac{1}{r}\frac{\partial m_{\psi\psi}}{\partial \psi} + \frac{m_{r\psi}}{r} - q_\psi = -\frac{\varrho h^3}{12}\frac{\partial^2}{\partial t^2}\left(\frac{1}{r}\frac{\partial w}{\partial \psi}\right), \tag{12b}$$

$$\frac{1}{r}\frac{\partial}{\partial r}(r\, q_r) + \frac{1}{r}\frac{\partial q_\psi}{\partial \psi} + p = \varrho h\frac{\partial^2 w}{\partial t^2}; \tag{12c}$$

darin ist $p(r, \psi; t)$ eine Flächenlast auf $z = -h/2$ (Bild 1 und 2). Aus (12a, b) erhält man die Querkräfte, die wegen (7d) nicht aus (10a, b) gewonnen werden können. Mit (11a, b, c) und

$$\Delta = \frac{1}{r}\frac{\partial}{\partial r}\left(r\frac{\partial}{\partial r}\right) + \frac{1}{r^2}\frac{\partial^2}{\partial \psi^2}$$

ist

$$\begin{aligned} q_r = &- QJ'\frac{\partial}{\partial r}(\Delta w) + \frac{\varrho h^3}{12}\frac{\partial^2}{\partial t^2}\left(\frac{\partial w}{\partial r}\right) + \\ &+ QJ'\left\{\frac{s^2-1}{r}\left(\frac{1}{r}\frac{\partial w}{\partial r} + \frac{1}{r^2}\frac{\partial^2 w}{\partial \psi^2}\right) - \right. \\ &\left. - \frac{\nu_\psi - \nu_{r\psi}}{r}\frac{\partial}{\partial r}\left(\frac{1}{r}\frac{\partial^2 w}{\partial \psi^2}\right)\right\}, \end{aligned} \tag{13a}$$

$$\begin{aligned} q_\psi = &- QJ'\frac{1}{r}\frac{\partial}{\partial \psi}(\Delta w) + \frac{\varrho h^3}{12}\frac{\partial^2}{\partial t^2}\left(\frac{1}{r}\frac{\partial w}{\partial \psi}\right) - \\ &- QJ'\left\{\frac{s^2-1}{r}\frac{\partial}{\partial \psi}\left(\frac{1}{r}\frac{\partial w}{\partial r} + \frac{1}{r^2}\frac{\partial^2 w}{\partial \psi^2}\right) + \right. \\ &\left. + \frac{\nu_\psi - \nu_{r\psi}}{r}\frac{\partial}{\partial \psi}\left(\frac{\partial^2 w}{\partial r^2}\right)\right\}. \end{aligned} \tag{13b}$$

Damit folgt aus (12c) die Differentialgleichung der Bewegung

$$\begin{aligned} &QJ'\Delta\Delta w + \varrho h\frac{\partial^2 w}{\partial t^2} - \frac{\varrho h^3}{12}\frac{\partial^2}{\partial t^2}(\Delta w) + \\ &+ QJ'\left\{-(s^2-1)\left[\frac{1}{r}\frac{\partial}{\partial r}\left(\frac{1}{r}\frac{\partial w}{\partial r}\right) - \frac{1}{r^2}\frac{\partial^2}{\partial \psi^2}\left(\frac{1}{r^2}\frac{\partial^2 w}{\partial \psi^2} + \right.\right.\right. \\ &\left.\left.\left. + 2\frac{w}{r^2}\right)\right] + 2(\nu_\psi - \nu_{r\psi})\frac{\partial^2}{\partial \psi^2}\left[\frac{1}{r}\frac{\partial}{\partial r}\left(\frac{1}{r}\frac{\partial w}{\partial r}\right) + \frac{w}{r^4}\right]\right\} = p\,. \end{aligned} \tag{14}$$

In (13a, b) und (14) treten die 4 elastischen Konstanten Q, s, ν_ψ, $\nu_{r\psi}$ so auf, daß nur 3 (nämlich Q, s und $\nu_\psi - \nu_{r\psi}$) wesentlich sind; dies gilt aber nicht für die Momente (11a, b, c). Trotzdem dürfte es schwer fallen, eine geschlossene Lösung von (14) anzugeben.

Für freie Schwingungen ($p = 0$), die gemäß

$$w(r, \psi; t) = \hat{w}(r, \psi)\cos(\omega t - \Omega)$$

einem harmonischen Zeitgesetz gehorchen, führt der Produktansatz $\hat{w}(r, \psi) = R(r)\cos(n\psi - \Psi)$ (14) über in

$$\begin{aligned} &\frac{d^4R}{dr^4} + \frac{2}{r}\frac{d^3R}{dr^3} - \left[\frac{2n^2(1+\nu_\psi-\nu_{r\psi}) + s^2}{r^2} - k_Q^2\right]\frac{d^2R}{dr^2} + \\ &+ \left[\frac{2n^2(1+\nu_\psi-\nu_{r\psi}) + s^2}{r^3} + \frac{k_Q^2}{r}\right]\frac{dR}{dr} + \\ &+ \left[\frac{n^4s^2 - 2n^2(1+\nu_\psi-\nu_{r\psi}+s^2)}{r^4} + \frac{n^2k_Q^2}{r^2} - k^4\right]R = 0 \end{aligned}$$

mit

$$k^4 = \omega^2\frac{\varrho h}{QJ'} = \frac{12}{h^2}\omega^2\frac{\varrho}{Q}, \quad k_Q^2 = \omega^2\frac{\varrho}{Q}.$$

Bei Rotationssymmetrie ($\partial/\partial\psi = 0$) und wenn für $k_Q \ll k$ die rotatorische Trägheit vernachlässigt wird, ist

$$w(r; t) = \hat{w}(r)\cos(\omega t - \Omega),$$

$$\hat{m}_{rr}(r) = -QJ'\left[\frac{d^2\hat{w}}{dr^2} + \nu_\psi\frac{1}{r}\frac{d\hat{w}}{dr}\right],$$

$$\hat{m}_{\psi\psi}(r) = -QJ'\left[s^2\frac{1}{r}\frac{d\hat{w}}{dr} + \nu_\psi\frac{d^2\hat{w}}{dr^2}\right],$$

$$\hat{q}_r(r) = -QJ'\left[\frac{d}{dr}\left(\frac{1}{r}\frac{d}{dr}\left(r\frac{d\hat{w}}{dr}\right)\right) - (s^2-1)\frac{1}{r^2}\frac{d\hat{w}}{dr}\right],$$

$$L[\hat{w}(r)] - k^4 r\,\hat{w}(r) = 0 \tag{15}$$

mit dem selbstadjungierten Differentialausdruck

$$L[\hat{w}] := \frac{d^2}{dr^2}\left(r\frac{d^2\hat{w}}{dr^2}\right) - s^2\frac{d}{dr}\left(\frac{1}{r}\frac{d\hat{w}}{dr}\right). \tag{15a}$$

Nur bei Isotropie ($s = 1$) und für $s = 3$ hat (15) die allgemeine Lösung

$$\hat{w}(r) = A_1J_p(kr) + A_2N_p(kr) + A_3I_p(kr) + A_4K_p(kr) \tag{16}$$

mit

$$p = \sqrt{\frac{s^2-1}{2}} = \begin{Bmatrix}0\\2\end{Bmatrix} \text{ für } s = \begin{Bmatrix}1\\3\end{Bmatrix}.$$

Außerdem muß $\hat{w}(r)$ den vorgeschriebenen Randbedingungen unterworfen werden. So ist z. B. am Kreisrand $r = b$

α) bei fester Einspannung

$$\hat{w}(b) = \left(\frac{d\hat{w}}{dr}\right)_{r=b} = 0,$$

β) bei gelenkiger Lagerung

$$\hat{w}(b) = \hat{m}_{rr}(b) = 0$$

γ) und am freien Rand

$$\hat{m}_{rr}(b) = \hat{q}_r(b) = 0.$$

Ein Eigenwertproblem der vorliegenden Art läßt sich mit Hilfe der GREENschen Funktion in eine Integralgleichung überführen. Wegen der Symmetrie ihres Kernes kann sie mit den direkten Methoden der Variationsrechnung — beispielsweise nach dem RITZschen Verfahren — numerisch behandelt werden; dabei gestattet das zur Einschließung von Eigenwerten vollständiger HERMITEscher Matrizen gut geeignete Abschnittsverfahren [6] eine einfache Fehlerabschätzung.

Zur Konstruktion der GREENschen Funktion [7] dient das für $s \neq 1$ gültige Fundamentalsystem

$$w_1 = r^2, \quad w_2 = r^{1+s}, \quad w_3 = r^{1-s}, \quad w_4 = 1$$

von $L[\hat{w}] = 0$. Dann erhält man als Grundlösung

$$\gamma(r, \varrho) = \pm\sum_{i=1}^{4} C_i(\varrho)\, w_i(r) \quad \text{für} \quad \begin{cases} r \geqq \varrho \\ r \leqq \varrho \end{cases}$$

mit

$$C_1 = \frac{1}{4(1-s^2)}, \quad C_2 = -\frac{\varrho^{1-s}}{4s(1-s^2)},$$

$$C_3 = \frac{\varrho^{1+s}}{4s(1-s^2)}, \quad C_4 = -\frac{\varrho^2}{4(1-s^2)}.$$

Der viermal stetig differenzierbare zweite Anteil

$$\varphi(r, \varrho) = \sum_{i=1}^{4} B_i(\varrho)\, w_i(r)$$

ergibt sich aus der Forderung, daß die (symmetrische) GREENsche Funktion

$$G(r, \varrho) = \gamma(r, \varrho) + \varphi(r, \varrho)$$

hinsichtlich r die linearen Randbedingungen

$$R_j[G] = 0, \quad j = 1, 2, 3, 4,$$

erfüllt; daraus folgt das lineare Gleichungssystem

$$\sum_{i=1}^{4} B_i(\varrho)\, R_j[w_i] = -R_j[\gamma].$$

Nur bei der an beiden Rändern freien Platte ist auch $k = 0$ ein Eigenwert, so daß dann die Koeffizientendeterminante verschwindet; in diesem Sonderfall müßte auf die verallgemeinerte GREENsche Funktion zurückgegriffen werden.

In der geschilderten Weise erhält man z. B. für die bei $r = a$ und $r = b$ fest eingespannte Kreisringplatte die GREENsche Funktion

$$G(r, \varrho) = \sum_{i,j=1}^{4} C_j(\varrho) \frac{D_{ij}}{D} w_i(r) \pm \sum_{i=1}^{4} C_i(\varrho) w_i(r) \quad \text{für} \quad \begin{cases} r \geqq \varrho \\ r \leqq \varrho \end{cases}$$

mit

$$\begin{aligned}
D &= b^2 [(1+s)^2 (\beta^s + \beta^{2-s}) - 8s\beta - (1-s)^2 \\
&\quad (\beta^{-s} + \beta^{2+s})] ; \\
D_{11} &= b^2 [+ (1-s)^2 (\beta^{-s} - \beta^{2+s}) - (1+s)^2 (\beta^s - \beta^{2-s})] , \\
D_{12} &= 4b^{1+s} (1+s) (\beta - \beta^{-s}) , \\
D_{13} &= 4b^{1-s} s(1-s) (\beta - \beta^{-s}) , \\
D_{14} &= 2(1-s)^2 (\beta^s - \beta^{-s}) ; \\
D_{21} &= 4b^{3-s} (\beta - \beta^{2-s}) , \\
D_{22} &= b^2[- (1-s)^2 (\beta^{2+s} - \beta^{-s}) + (1+s)^2 (\beta^2 - \beta^{2-s})] , \\
D_{23} &= 2(1-s)^2 b^{2-2s}(1-\beta^2) \beta^{-s} , \\
D_{24} &= 4b^{1-s}(1-s) (\beta^{-s} - \beta) ; \\
D_{31} &= 4b^{3+s}(1-s) (\beta^{2+s} - \beta) , \\
D_{32} &= 2b^{2s+2}(1-s^2) (\beta^s - \beta^{2+s}) , \\
D_{33} &= b^2[- (1+s)^2 (\beta^2 - \beta^{2-s}) - (1-s)^2 (\beta^{-s} - \beta^{2+s})] , \\
D_{34} &= 4(1+s) b^{1+s}(\beta^{-s} - \beta) ; \\
D_{41} &= 2(1-s^2) b^4(\beta^{2-s} - \beta^{2+s}) , \\
D_{42} &= 4b^{3+s}s(1-s) b^{3+s}(\beta - \beta^{2+s}) , \\
D_{43} &= 4s(1+s) b^{3-s}(\beta - \beta^{2-s}) , \\
D_{44} &= b^2[+ (1-s)^2 (\beta^{2+s} - \beta^s) + (1+s)^2 (\beta^2 - \beta^{2-s})] ; \\
0 &\leqq \beta := a/b < 1 .
\end{aligned}$$

Sie geht ein in den Kern

$$K(r, \varrho) = \sqrt{r}\, G(r, \varrho) \sqrt{\varrho}$$

der Integralgleichung

$$\sqrt{r}\, \hat{w}(r) = k^4 \int_a^b K(r, \varrho)\, \hat{w}(\varrho) \sqrt{\varrho}\, d\varrho .$$

Auf Möglichkeiten zur numerischen Auswertung und die optimale Wahl der Koordinatenfunktionen werden wir in einer weiteren Arbeit eingehen, die auch eine Systematik aller Lagerungsfälle enthalten soll.

Literatur

1 RAACK, W., Zum Schwingungsverhalten dicker Kreiszylinder- und Kugelschalen bei orthotropem Materialgesetz, Ingenieur-Archiv **40**, S. 118 bis 130 (1971).

2 IMER, S. und ZIMMERMANN, P., Freie Schwingungen kreisförmig begrenzter Scheiben bei polarorthotropem Materialgesetz, Ingenieur-Archiv **42**, S. 395–410 (1973).

3 ZIMMERMANN, P., Nicht-rotationssymmetrische Schwingungen beliebig dicker Kreiszylinderschalen, ZAMM **52**, S. 409–425 (1972).

4 SZABO, I., Höhere Technische Mechanik, 5. Aufl., Berlin 1972.

5 LECHNICKIJ, S. G., Über einige Fragen der Biegungstheorie der dünnen Platten, Akad. d. Wiss. USSR, Abt. techn. Wiss., Angew. Math. u. Mech., Bd. II, Nr. 2 (1938).

6 WIELANDT, H., Einschließung von Eigenwerten hermitescher Matrizen nach dem Abschnittsverfahren, Arch. Math **5**, S. 108–114 (1954).

7 KAMKE, E., Differentialgleichungen, Bd. I, 6. Aufl., Leipzig 1969.

Eingereicht am 10. 8. 1973

Anschriften: Prof. Dr.-Ing. PETER ZIMMERMANN, Lehrstuhl A für Mechanik, Technische Universität Berlin, 1 Berlin 12, Hardenbergstr. 34, WB

Dipl.-Ing. SELCUK IMER, 1 Berlin 30, Regensburger Str. 15, WB

BUCHBESPRECHUNGEN

L. Arnold, Stochastische Differentialgleichungen. Theorie und Anwendung. 239 S. m. 10 Bildern. München/Wien 1973. R. Oldenbourg Verlag. Preis brosch. 65,– DM.

Das Buch stellt eine Einführung in das Gebiet der stochastischen (Ito-)Differentialgleichungen und deren Anwendungen dar, wobei darüber hinaus der Zugang zu zahlreichen Resultaten aus Originalarbeiten vermittelt wird. Der Verfasser wendet sich an Anwender dieses Themenkreises, d. h. an Ingenieure und Naturwissenschaftler, und da er auf mathematische Exaktheit nicht verzichten will, kommt er in den für dieses Gebiet typischen Konflikt zwischen notwendigem und zumutbarem mathematischen Apparat. Die Referentin kann sich kaum vorstellen, daß die verwendeten Begriffe aus der Maßtheorie oder beispielsweise Begriffe wie Supermartingal, Infinitesimaloperator, Distribution, Halbgruppe in absehbarer Zeit zum normalen Rüstzeug eines Ingenieurs gehören könnten oder sollten bzw. „in den üblichen Kursvorlegungen vermittelt werden". Abgesehen von diesen Schwierigkeiten gelingt dem Verfasser in vielen Fällen heuristische Verständlichkeit und Veranschaulichung an Spezialfällen und Beispielen, so daß dem Anwender, falls er willens ist, einen Teil des mathematischen Apparates zu überlesen, manches nützliche Resultat bereitsteht. Obwohl das Buch nicht als gründliche Einführung für den Mathematiker angelegt ist, liest der Mathematiker es mit Freude. Insgesamt eine wertvolle Bereicherung der Literatur zu diesem Themenkreis.

Aus dem Inhalt:

Einführung der benötigten Hilfsmittel: Grundbegriffe der Wahrscheinlichkeitsrechnung, Markovsche Prozesse, Diffusionsprozesse, Wienerprozesse und weißes Rauschen. Entwicklung des Kalküls der Ito-Differentialgleichungen: Stochastische Integrale, stochastische Differentialgleichungen einschließlich Existenz und Eindeutigkeit der Lösungen. Diskussion von Eigenschaften der Lösungen stochastischer Differentialgleichungen, bei besonderer Berücksichtigung linearer Gleichungen: Analytische Eigenschaften, Momente, Abhängigkeit von Anfangswerten, Lösungen als Markovsche Prozesse und als Diffusionsprozesse, Übergangswahrscheinlichkeiten. Die letzten Kapitel dürften für die Anwendungen besonders interessant sein: Modellbildung – Approximation realer Systeme, Zusammenhang zur Stratonovich-Differentialgleichung, Stabilitätstheorie, Stabilitätsnachweis durch Linearisierung, Optimale Filterung, Kalman-Bucy-Filter, Optimale Regelung, Bellmannsche Gleichung.

Berlin H. Bunke

J. L. Willems, Stabilität dynamischer Systeme. 237 S. m. 76 Bildern. München/Wien 1973. R. Oldenbourg Verlag. Preis brosch. DM 64,–.

Das Buch ist im englischen Original Teil einer Buchreihe über Regelungstheorie, es wendet sich an Ingenieure und Studenten. Neben der großen Breite und Klarheit der Darstellung seien besonders die häufigen Beispiele und Hinweise auf die Bedeutung der gewonnenen Ergebnisse für die Lösung konkreter Stabilitätsprobleme lobend hervorgehoben. Jedes der sieben Kapitel ist durch ein Literaturverzeichnis und durch Aufgaben mit Lösungshinweisen ergänzt.

Nach einer Einführung in die Stabilitätsproblematik werden die verschiedenen Stabilitätsbegriffe definiert, dabei wird neben der Stabilität eines Gleichgewichtszustandes und einer Bewegung freier Systeme auch die Übertragungsstabilität und die BIBO-Stabilität angeregter Systeme behandelt. Es folgt eine Darstellung der direkten oder zweiten Methode von Ljapunow, wobei auch Hinweise auf die Methoden zur expliziten Konstruktion von Ljapunow-Funktionen und zwei einfache Instabilitätskriterien gegeben werden.

Im dritten Kapitel werden die Stabilitätseigenschaften linearer zeitinvarianter (insbes. autonomer) Systeme systematisch untersucht, dabei werden die Stabilitätskriterien von Routh, Hurwitz und Nyquist, das Verfahren der Wurzelortskurve und Fragen der relativen Stabilität, d. h. des Stabilitätsgrades zur Beschreibung der Abklinggeschwindigkeit von Anfangsauslenkungen behandelt. Es folgen Stabilitätsaussagen für lineare nichtstationäre (insbes. nichtautonome) Systeme, speziell für periodische, asymptotisch konstante und asymptotisch periodische Systeme.

Die Kapitel 5 und 6 sind nichtlinearen Systemen gewidmet. Das Linearisierungsprinzip für den nichtkritischen Fall wird erläutert, Ergebnisse über die orbitale und globale Stabilität sowie über die Existenz von Grenzzyklen werden angeführt. Weiterhin werden einfache nichtlineare Systeme mit Rückkopplung untersucht, die ein zeitinvariantes lineares System im Vorwärtszweig und ein nichtlineares nichtstationäres Übertragungsglied als Rückkopplung enthalten. Im letzten Kapitel werden Hinweise auf die Übertragung der Stabilitätsbetrachtungen für kontinuierliche Systeme, d. h. für Differentialgleichungen, auf den Fall diskreter Systeme oder Abtastsysteme gegeben, die durch Differenzengleichungen beschrieben werden und durch den steigenden Einsatz von Rechenautomaten eine zunehmende Bedeutung für Regelungssysteme haben.

Das Buch kann für alle, die sich in die Stabilitätstheorie einarbeiten oder mit ihrer Anwendung zu tun haben, sehr empfohlen werden.

Berlin G. Schmidt

L. Fábián, Zufallsschwingungen und ihre Behandlung. (Ingenieurwissensch. Bibl., Hrsg. I. Szabó). X + 300 S. m. 58 Abb. u. 5 Tafeln. Berlin/Heidelberg/New York 1973. Springer-Verlag. Preis geb. DM 54,–.

Es ist das erklärte und erreichte Ziel des Verfassers, mit dem Buch in der Praxis stehende Ingenieure, die sich mit Schwingungen mechanischer, elektrischer oder biologischer Systeme befassen, mit dem Gebiet der zufallserregten Schwingungen vertraut zu machen. Dabei hat die Fülle verschiedenster einfacher und komplizierter Beispiele und die Vielfalt der ausgewerteten und zitierten Buch- und Zeitschriftenliteratur den Vorrang vor der Geschlossenheit und begrifflichen Ausgefeiltheit vergleichbarer ausländischer Darstellungen. Es ist das Verdienst des Buches, viele für die Schwingungstechnik wichtige in Veröffentlichungen der Mechanik, des Maschinen- und Fahrzeugbaues wie auch der Regeltechnik verstreute Ergebnisse anschaulich wiedergegeben zu haben.

Einleitend werden die wichtigsten Grundtatsachen über Zufallsgrößen und Zufallsfunktionen ausführlich beschrieben. In einem Kapitel über lineare Schwingungssysteme werden als Anwendung einfache Modelle von luftbereiften Straßen- oder Geländefahrzeugen untersucht, dabei werden die Fahrbahnprofil-Messungen von Wendeborn benutzt. Weiterhin wird das Verhalten normaler und nichtnormaler Verteilungsdichten beim Durchgang durch ein lineares Schwingungssystem diskutiert.

Von besonderer Wichtigkeit sind die wiederholten durch Beispiele belegten Hinweise auf die Notwendigkeit oder Zweckmäßigkeit nichtlinearer Untersuchungen. Nach einer Erläuterung der grundlegenden Eigenschaften nichtlinearer Schwingungssysteme wird die Methode der äquivalenten statistischen Linearisierung eingeführt, wobei als Gütekriterien die Gleichheit der quadratischen Mittelwerte bzw. die Gleichheit der Autokorrelationsfunktionen zugrunde gelegt werden. Als Beispiel wird das Abheben des Reifens eines einfachen Fahrzeugmodells als Nichtlinearität behandelt.

Für Schwingungssysteme unter nichtnormaler Erregung werden digitale Simulationsverfahren erläutert, wobei das Runge-Kutta-Verfahren benutzt wird. Für den Berechnungsalgorithmus sowie für die digitale Verarbeitung gemessener Realisierungen zur Bestimmung von Schätzwerten der statistischen Charakteristiken, die im letzten Kapitel behandelt wird, werden ALGOL-Programme angegeben.

Berlin G. SCHMIDT

F. Reutter/E. Heyne, Untersuchungen über die automatische Lösung von Aufgaben der konstruktiven Geometrie. (Forschungsbericht des Landes Nordrhein-Westfalen Nr. 2300). Opladen 1973. 57 S. m. 10 Abb. Westdeutscher Verlag. Preis brosch. DM 13,60.

Die technischen Möglichkeiten der graphischen Datenverarbeitung werden für eine rechentechnische Aufbereitung der konstruktiven Geometrie i. a. noch ungenügend ausgeschöpft, da es meist an der dafür nötigen Software fehlt. Das mag zum großen Teil daran liegen, daß für eine arbeitsfähige ‚Übertragung der (konstruktiven) Geometrie auf den Rechner' die geometrischen Denk- und Verfahrensweisen zu vielschichtig und zu komplex sind, um zu effektiven Ergebnissen zu gelangen.

Diese Arbeit stellt ein an der RWTH Aachen entwickeltes Programmsystem vor, mit dessen Hilfe ein großer Teil der in der konstruktiven Geometrie auftretenden Aufgaben auf den Rechner übertragen werden kann. Als Ergebnis werden auf dem Zeichentisch bzw. Plotter die Lösungen in zugeordneten Normalrissen (Grund-/Aufriß oder Auf-/Kreuzriß oder Kreuz-/Grundriß), in axonometrischen oder perspektiven Darstellungen ausgegeben. Die Eingabe und Bearbeitung der geometrischen Elemente und Operationen erfolgt analytisch (koordinatenmäßig).

Da die geometrischen Überlegungen projektiv geführt werden, behandelt das 1. Kapitel ‚Allgemeines über projektive Geometrie' in dem im folgenden benötigten Umfang. Die nächsten Kapitel beschreiben die für die verschiedenen Konstruktionen vorgesehenen Programme und ihre gegenseitige Abhängigkeit. Außer den elementaren Konstruktionen sind die Darstellung von Quadriken, Regelflächen und Röhrenflächen sowie deren Schnitte mit Ebenen, Quadriken und konvexen Polyedern vorgesehen. Umriß und Schattengrenze dieser Flächen sind Gegenstand des 5. Kapitels. Einige ausgewählte Beispiele machen Wirkungsweise und Tragweite des beschriebenen Programmpaketes deutlich. Bemerkenswert ist die hier verwendete von der sonst üblichen, auf BEZIÉR bzw. COONS zurückgehende, verschiedene Flächenbeschreibung. —

Es scheint in der Natur der Sache zu liegen (s. o.), daß derartige ‚konstruktiv-geometrische Programmsysteme', wenn sie (über das Triviale hinaus) arbeitsfähig sein sollen, eine fast unübersichtliche Anzahl sehr verschiedenartiger Parameter benötigen, die allerdings dem (Gelegenheits-) Nutzer die Anwendung des Systems zur Bearbeitung seiner Probleme auf dem Computer erschweren.

Die im Bericht deutlich hervortretende geometrische Denk- und Betrachtungsweise gereicht dem Anliegen der Arbeit zum Vorteil.

Dresden W.-D. KLIX

Die besprochenen und angezeigten Bücher sind durch den Buchhandel zu beziehen.

EINGEGANGENE BÜCHER

Bei der Schriftleitung sind folgende Bücher eingegangen (ausführliche Besprechung bleibt vorbehalten).

Hrsg. **Krengel, R.,** Aufstellung und Analyse von Input-Output-Tabellen. 103 S. Göttingen 1973. Vandenhoeck & Ruprecht.

Hrsg. **Krengel, R.,** Neuere Methoden der Produktivitätsmessung. 102 S. Göttingen 1973. Vandenhoeck & Ruprecht.

Friedrichs, K. O., Spectral Theory of Operators in Hilberts Space. (Applied Mathematical Sciences 9). IX + 244 S. Berlin/Heidelberg/New York 1973. Springer-Verlag. Preis brosch. DM 14,50.

Heinhold, J./Gaede, K.-W., Aufgaben und Lösungen zur Ingenieur-Statistik. 213 S. m. 63 Abb. München/Wien 1973. R. Oldenbourg Verlag. Preis brosch. DM 46,—.

Barrodale, I./Roberts, F./Ehle, B., Einführung in die Anwendung von Digitalrechnern. 250 S. m. 113 Abb. u. 7 Tab. München/Wien 1973. R. Oldenbourg Verlag. Preis brosch. DM 36,—.

Rao, C. R., Lineare statistische Methoden und ihre Anwendungen. (Math. Lehrbücher u. Monographien, Bd. XXX.) 519 S. Berlin 1973. Akademie-Verlag. Preis geb. 68,— M.

Wainberg, M. M./Trenogin, W. A., Theorie der Lösungsverzweigung bei nichtlinearen Gleichungen. (Math. Lehrbücher u. Monographien, B. 32). 408 S. m. 19 Abb. Berlin 1973. Akademie-Verlag. Preis geb. 54,— M.

Ryshikow, J. I., Lagerhaltung. 322 S. m. 33 Abb., 21 Tab. u. 5 Wertetabellen im Anhang. Berlin 1973. Akademie-Verlag. Preis geb. 42,— M.

Lueken, B./Scharf, J.-H., Neue Ergebnisse zur Informationsaufnahme und Informationsverarbeitung in Sinnesorganen. (Symposium d. Dt. Akad. d. Naturforscher Leopoldina v. 18.—19. 10. 1971 in Halle). 331 S. m. 229 Abb. u. 21 Tab. Halle 1973. Preis brosch. 46,— M.

Wong, Yau-Chuen/Ng, Kung-Fu., Partially Ordered Topological Vector Spaces. (Oxford Mathematical Monographs). IX + 217 S. Oxford 1973. Clarendon Press. Preis geb. £ 7.00 net.

Solian, A., Teoria Modulelor. 419 S. Bukarest 1972. Editura Academiei Republicii Socialist Romania. Preis geb. Lei 25.

Wang, C.-C./Truesdell, C., Introduction to rational elasticity. (Mechanics of continua.) XII + 556 S. m. Fig. Leyden 1973. Noordhoff International Publishing. Preis geb. Dfl. 130.00.

Seeger, K., Semiconductor Physics. (Edition Physics.) XV + 414 S. m. 372 Fig. Wien/New York 1973. Springer-Verlag. Preis brosch. DM 60,—.

Schecher, H., Funktioneller Aufbau digitaler Rechenanlagen. (Heidelberger Taschenbücher, Sammlung Informatik, Band 127.) XII + 261 S. m. 178 Abb. Berlin/Heidelberg/New York 1973. Springer-Verlag. Preis brosch. DM 16,80.

Phillips, G. M./Taylor, P. J., Theory and Applications of Numerical Analysis. X + 380 S. m. Fig. London/New York 1973. Academic Press. Preis brosch. £ 3.90.

Krall, A. M., Linear Methods of Applied Analysis. XIV + 706 S. London/Amsterdam/Don Mills, Ontario/Sydney/Tokyo 1973. Addison-Wesley Publishing Company. Preis brosch. $ 9.50.

Kiesewetter, H./Maess, G., Elementare Methoden der numerischen Mathematik. 246 S. m. 32 Abb. u. 7 Tab. Berlin 1974. Akademie-Verlag. Preis brosch. 22,50 M.

Moissejew, N. N., Mathematik, Steuerung, Planung, Prognose. X + 144 S. m. 14 Abb. u. 2 Tab. Berlin 1973. Akademie-Verlag. Preis brosch. 9,50 M.

Constantinescu, F., Distributionen und ihre Anwendung in der Physik. (Teubner Studienbücher Mathematik.) 144 S. m. 9 Fig. Stuttgart 1974. B. G. Teubner. Preis brosch. DM 16,80.

Hainzl, J., Mathematik für Naturwissenschaftler. (Leitfäden der angewandten Mathematik und Mechanik LAMM, Band 19.) 311 S. m. 55 Fig., 203 Übungsaufgaben u. zahlr. Beispielen. Stuttgart 1974. B. B. Teubner. Preis brosch. DM 29,—.

Becker, E., Technische Strömungslehre. (Teubner Studienbücher, Mathematik.) 3. neubearb. u. erw. Aufl. 144 S. m. 122 Fig. Stuttgart 1974. B. G. Teubner. Preis brosch. DM 11,80.

VDI-Berichte 210. Schwingungstechnik. (Vorträge des am 9. u. 10. 4. 1973 a. d. TH Darmstadt gehaltenen Kolloquiums.) 103 S. m. Fig. Düsseldorf 1973. VDI-Verlag. Preis brosch. DM 49,—.

Erdös, P./Spencer, J., Probabilistic Methods in Combinatorics. 106 S. Budapest 1974. Akadémiai Kiadó. Preis geb. Ft. 70,—.

Sarkadi, K./Vincze, I., Mathematical Methods of Statistical Quality Control. 415 S. m. Fig. Budapest 1974. Akadémiai Kiadó. Preis geb. Ft. 250,—.

Bauer, H., Wahrscheinlichkeitstheorie und Grundzüge der Maßtheorie. 2. Aufl 407 S. Berlin/New York 1974. Walter de Gruyter. Preis geb. DM 48,—.

Siebert, H., Höhere FORTRAN-Programmierung. 234 S. m. Abb. Berlin/New York 1974. Walter de Gruyter. Preis brosch. DM 24,—.

DGLR-Jahrbuch 1972. 511 S. m. Abb. Köln 1973. Vieweg u. Sohn GmbH. Preis geb. DM 54,—.

Demarée, G., An Estimate of the error in the Approximate Periodic solution of the Nonlinear Differential Equation $L(D)\, x + f(x) = P \sin \omega t$. 19 S. Brüssel 1974. Königl. Akademie d. Wissenschaften. Preis brosch. 140,— BF.

Schröter, K., Mathematik im System der Wissenschaften. (Sitzungsberichte d. Plenums u. d. Klassen d. AdW d. DDR.) 76 S. Berlin 1973. Akademie-Verlag. Preis brosch. 10,— M.

Przeworska-Rolewicz, D., Equations with Transformed Argument. XI + 354 S. m. Abb. Amsterdam/Warszawa 1973. Elsevier Scientific Publ. Comp./PWN-Polish Scientific Publishers. Preis geb. $ 27.30.

Pirotte, A., Automatic Theorem Proving Based on Resolution (Automatic Programming, Volume 7, Part 4 (1973). IV, 201—266 S. Oxford/New York/Toronto/Sydney/Braunschweig 1973. Pergamon Press. Preis brosch. £ 2.00.

Späth, H., Algorithmen. (Verfahren der Datenverarbeitung.) 168 S. m. 133 Abb. München/Wien 1973. R. Oldenbourg Verlag. Preis brosch. DM 52,—.

Sander, H.-J., Dualität bei Optimierungsaufgaben. 271 S. m. 14 Fig. u. 10 Tab. München/Wien 1973. R. Oldenbourg Verlag. Preis brosch. DM 59,—.

NACHRICHTEN

Symposium on Continuum Model of Discrete Systems

The Symposium will take place in Poland on 19—27 June 1975. It will concern both Solids and Fluids; its aim is to discuss:

— relation between mathematical description of discrete systems and their continuum models, with a special emphasis on models with internal structure,
— construction (both statistical and deterministic) of continuum models of material systems, such as systems of particles, composites, suspensions, polymer structures,
— calculation of macroscopic material functions on the basis of the properties of the discrete system and its
— constituents.

Participation in the Symposium will be by the Committee's invitation and issued to research scientists actively engaged in the subject. In order to have sufficient time for discussion, the number of reports will be limited.

The Scientific Committee is the following:

Chairman:	R. S. Rivlin, USA	E. Kröner, FRG
Members:	G. K. Batchelor, England	I. A. Kunin, USSR
	W. Fiszdon, Poland	H. Zorski, Poland

Those interested should write either to Prof. W. Fiszdon (Fluids) or Prof. H. Zorski (Solids) at the address: Institute of Fundamental Technological Research, Swiętokrzyska 21, 00-049 Warsaw, Poland.

POLISH ACADEMY OF SCIENCES
Institute of Fundamental Technological Research
Warsaw, Poland

Bestellungen sind an das zuständige Postamt oder eine Buchhandlung zu richten, Bestellungen aus dem Ausland an die Firma Buchexport, Volkseigener Außenhandelsbetrieb der DDR, 701 Leipzig, Leninstr. 72, oder direkt an den Akademie-Verlag, DDR-108 Berlin, Leipziger Str. 3—4

Herausgeber und Hauptschriftleiter: Prof. Dr.-Ing. habil. Dr. techn. h.c. H. Heinrich, 8027 Dresden, Friedrich-Hegel-Str. 31. Verlag: Akademie-Verlag, DDR-108 Berlin, Leipziger Straße 3—4; Fernsprecher: 220441, Telex-Nr. 112020, Postscheckkonto: Berlin 35021. Bestellnummer dieses Heftes: 1009/54/6. Die Zeitschrift für Angewandte Mathematik und Mechanik erscheint jährlich mit 12 Heften, einschließlich Tagungsheft. Bezugspreis je Heft 22,— M (Sonderpreis für die DDR 18,— M); Bezugspreis eines Bandes 264,— M zuzüglich Versandkosten (Sonderpreis für die DDR 216,— M). Veröffentlicht unter Lizenznummer 1282 des Presseamtes beim Vorsitzenden des Ministerrates der Deutschen Demokratischen Republik.
Gesamtherstellung: VEB Druckerei „Thomas Müntzer", 582 Bad Langensalza.
Printed in the German Democratic Republic.

HELLMUT BAUMGÄRTEL

Endlichdimensionale analytische Störungstheorie

(Mathematische Lehrbücher und Monographien,
Abt. I, Band XXVIII)

1972. XX, 388 Seiten – 8 Abbildungen – gr. 8° – Leinen 75,– M
Bestell-Nr. 761 536 0 (5896)

Das vorliegende Buch gibt einen systematischen Aufbau der endlichdimensionalen analytischen Störungstheorie, der diese Disziplin im Prinzip endgültig abschließt. Gleichzeitig werden die Konsequenzen für analytische Störungen isolierter Eigenwerte endlicher algebraischer Vielfachheit von abgeschlossenen Operatoren in Banachräumen behandelt. Im Mittelpunkt der Darstellung steht die Entwicklung der analytischen Störungstheorie für Spektraldarstellung und Jordanstruktur linearer Operatoren sowie eine Reduktionstheorie analytischer Störungen. Methodisch stützt sich die Darstellung auf die Spektraltheorie und die Theorie der Jordanstruktur für einzelne Operatoren sowie auf die Strukturtheorie linearer Operatoren über beliebigen kommutativen Körpern. Das Buch enthält unter anderem eine Anzahl erstmalig mit vollen Beweisen publizierter Ergebnisse des Verfassers. Es ergänzt in bezug auf seine spezielle Thematik die bekannte umfassende Monographie von T. Kato „Perturbation theory for linear operators“. Das Buch ist sicher allen denen von Nutzen, die — aus welchen Gründen auch immer — an einer intensiven Fundierung und Präzisierung ihrer Vorstellungen und Kenntnisse von der analytischen Störungstheorie interessiert sind, die in vielen Teilen der Mathematik und auch der — insbesondere theoretischen — Physik eine ständig wachsende Rolle spielt.

Bestellungen durch eine Buchhandlung erbeten

A K A D E M I E - V E R L A G
DDR-108 Berlin, Leipziger Str. 3—4

34115

F. NOŽIČKA/J. GUDDAT/H. HOLLATZ/B. BANK

Theorie der linearen parametrischen Optimierung

(Mathematische Lehrbücher und Monographien,
Abt. I, Band 24)

Herausgegeben von der AdW der DDR, Zentralinstitut für Mathematik und Mechanik

1974. VIII, 313 Seiten – 16 Abbildungen – gr. 8° – Leinen 52,– M
Bestell-Nr. 761 763 0 (6057)

Mit diesem Buch wird erstmalig eine einheitliche Theorie der linearen parametrischen Optimierung mit veränderlicher Zielfunktion und veränderlichen rechten Seiten vorgelegt, die unabhängig von Lösungsverfahren entwickelt wurde. Neben neun verschiedenen Klassen parametrischer Probleme sind entsprechende programmierfähige Algorithmen untersucht und dargestellt. Die Anregung für dieses Buch entstammt praktischen Fragestellungen, denn mathematische Modelle mit veränderlichen Ausgangsdaten sind den statischen Modellen in mehrfacher Hinsicht vorzuziehen. Insbesondere werden folgende Fragestellungen behandelt: Das Stabilitätsproblem bei Optimierungsaufgaben, globale Übersicht über alle Lösungen parametrischer Optimierungsprobleme, Änderung der Lösungen und des Zielfunktionswertes in Abhängigkeit von Parametern.
Das Buch ist einerseits für alle Leser gedacht, die sich in der Praxis mit der Anwendung mathematischer Methoden auf veränderliche Optimierungsmodelle beschäftigen und andererseits für jene, die in Lehre und Forschung mit Grundlagenfragen der mathematischen Optimierung konfrontiert werden.
Schließlich ist das Buch didaktisch so aufgebaut, daß es Studenten der Mathematik leicht fallen dürfte, sich in die Problematik der parametrischen Optimierung einzuarbeiten.

Bestellungen durch eine Buchhandlung erbeten

AKADEMIE-VERLAG
DDR-108 Berlin, Leipziger Str. 3–4

MIX
Papier | Fördert gute Waldnutzung
FSC® C083411

Zeitfracht Medien GmbH
Ferdinand-Jühlke-Straße 7
99095 Erfurt, Deutschland
produktsicherheit@kolibri360.de